V&R

Brigitta Nöbauer / Willy Christian Kriz

Mehr Teamkompetenz

Weitere Methoden und Materialien

Mit 13 Abbildungen

Vandenhoeck & Ruprecht

Die 7 Zeichnungen hat Dr. Ulrike Rohrhofer angefertigt.

Bibliografische Information der Deutschen Nationalbibliothek

Die Deutsche Nationalbibliothek verzeichnet diese Publikation in der Deutschen Nationalbibliografie; detaillierte bibliografische Daten sind im Internet über http://dnb.d-nb.de abrufbar.

ISBN 10: 3-525-46253-0
ISBN 13: 978-3-525-46253-9

Umschlagabbildung: Eve Aschhelm, *Maze R*, 1989, verschiedene Materialien auf Duralene, 30 × 23 cm.

Printed in Germany.
Satz: Satzspiegel, Nörten-Hardenberg
Druck und Bindung: ⊕ Hubert & Co, Göttingen

Gedruckt auf alterungsbeständigem Papier.

Inhalt

Vorwort

Wenn ich spreche, setze ich eine Maske auf.
Wenn ich handele, bin ich gezwungen, sie abzunehmen.
Claude Adrien Helvétius

Die vielen positiven Rückmeldungen zu unserem ersten Buch »Teamkompetenz. Konzepte, Trainingsmethoden, Praxis« (3. Auflage 2006) haben uns angeregt, dieses Buch als Fortsetzung des praxisorientierten Methoden- und Materialteils zu schreiben. Dieser Band enthält eine Mischung aus Warm-ups, Energizern, Teamübungen und Planspielen für die Arbeit mit Gruppen und Teams.

»Mehr Teamkompetenz« stellt die Übungen in bewährter Weise mit Rahmenbedingungen, Regeln, Variationen und Ablauf vor. Ein Schwerpunkt liegt wieder auf den Erfahrungen der Autoren und umfassenden Tipps zur Reflexion und Aufarbeitung der Übungen, um einen Transfer von den Trainingsmaßnahmen in die Praxis der jeweiligen Teams sicherzustellen.

Das Buch stellt zunächst Warm-up-Übungen und Energizer vor, die eingesetzt werden können, um Gruppen für das gemeinsame Arbeiten oder spezielle Themen »anzuwärmen« oder wieder neue Energie in eine Gruppe zu bringen. Einige dieser Übungen sind auch zu Teamübungen ausbaubar. Die beschriebenen Teamübungen und Planspiele sind »verdichtete und verfremdete Realität«. Durch ihren Einsatz können viele teamrelevante Themen sichtbar gemacht und bearbeitet werden. Die vorangestellten stichwortartigen Beschreibungen der Übungen erlauben eine rasche Orientierung über Ziele, Teilnehmerzahl, Zeit- und Materialaufwand. Die Zeit- und Teilnehmerangaben beruhen auf gemittelten Erfahrungswerten, die sich bei speziellen Durchführungsvarianten durchaus abwandeln lassen.

Beim Durchblättern wird rasch sichtbar, dass wir einen großen Teil der Beschreibung dem Reflektieren (Debrief) der einzelnen Übungen

widmen. Das ist uns aus zwei Gründen wichtig: Das Lernpotenzial der
Übungen kann aus unserer Sicht nur ausgeschöpft werden, wenn die
Teilnehmer nach der Spielphase Gelegenheit haben, sich ihre Gefühle,
Erfahrungen, Beobachtungen usw. bewusst zu machen und sie zu arti-
kulieren. Die Debrief-Phase leitet Schritt für Schritt von der Spielsitua-
tion in die reale Welt der Teams über, indem die Gruppe gemeinsam
überlegt, welche Bedeutung diese Erfahrungen für den gemeinsamen
Arbeitsalltag haben. Erst hier liegt aus unserer Sicht der nachhaltige
Lerneffekt dieser Übungen.

Wir haben außerdem die Erfahrung gemacht, dass die Aufarbeitung
der Übungen der herausfordernste Teil der Arbeit mit Teamübungen ist
– besonders dann, wenn der Spielleiter die Übung nie selbst als Teilnehmer erlebt hat. Uns selbst fehlte oft die Vorstellung, wie eine Übung verlaufen würde, wenn wir sie nur aus einer Buchbeschreibung kannten. In
»Mehr Teamkompetenz« soll – wie schon in Band 1 – die genaue Beschreibung der Themen, die im Debrief angesprochen werden können,
Orientierung geben und zum Ausprobieren der Übungen anregen.

Für die Debrief-Phase haben sich einige Grundregeln bewährt, damit
die Lernpotenziale der Übungen realisiert werden können. Außerdem
können auch in der Aufarbeitung zahlreiche kreative Methoden eingesetzt werden. Die relevante Theorie, die Grundsätze, eine Debrief-Struk-
tur und zahlreiche verschiedene Methoden und Formen speziell für das
Debrief sind in Band 1 ausführlich beschrieben.

Ein weiterer Hinweis ist uns wichtig: Das Buch versteht sich als Metho-
densammlung für Personen, die Erfahrungen in der Arbeit mit Gruppen
oder Grundkenntnisse in der Dynamik von Gruppen haben. Teamübungen aus purem Aktionismus einzusetzen, ist nicht unsere Sache. Vielmehr
basiert für uns die Auswahl, Durchführung und Aufarbeitung der Übungen auf großem Respekt für eine Gruppe und ihre Mitglieder. Dieser Respekt kommt in folgenden Arbeitsprinzipien zum Ausdruck:
- Es steht den Teilnehmern frei, ohne Angabe von Gründen an einer
   Übung nicht teilzunehmen (und dann eine Beobachterrolle einzunehmen).
- Die Übung wird abgebrochen, wenn sie sich in eine gefährliche oder
   bedenkliche Richtung entwickelt.
- Die Aufarbeitung ist fixer Bestandteil einer Teamübung.
- Bei der Auswahl der Übungen stellen wir sicher, dass wir die wahr-
   scheinlich damit verbundenen Erfahrungen der Gruppe zumuten

können und möchten. Manche Übungen sind zum Beispiel mit intensiver körperlicher Nähe verbunden, setzen ein großes Ausmaß an Vertrauen voraus oder bringen Teilnehmer in Rollen, die für sie problematisch sein können.

Nun laden wir sehr herzlich zum Stöbern in unserer Methoden- und Materialsammlung und zum Ausprobieren der Übungen ein (weitere Informationen unter www.teamkompetenz.net)! Wir danken allen, die uns wertvolle Rückmeldungen für die Weiterentwicklung bzw. Aufarbeitung der Übungen zur Verfügung gestellt haben. Ein besonderer Dank gilt Frau Dr. Ulrike Rohrhofer für die informativen Illustrationen!

Brigitta Nöbauer und Willy Christian Kriz

Materialübersicht

Name	Lernziele	Teilneh-mer	Minuten	Platzbe-darf	Materi-albedarf
Warming-up-Aktivitäten und Energizer					
Durch die Brille von …	Kennenlernen, Perspektivenvielfalt	5–12	15–45	klein	keines
Begrüßung in anderen Ländern	lockere Atmosphäre schaffen, Kennenlernen	6–50	5–10	mittel	keines
Imitation	Musterbildung in Gruppen	5–50	5–10	mittel	keines
Dreiecksbeziehungen	Balance in den Beziehungen zwischen Teammitgliedern	6–30	5–10	mittel	keines
Tier-Teamlaute	lockere Atmosphäre schaffen, Teams zusammenstellen	8–30	5–10	mittel	gering
Hänschen Kleins Jukebox	Auflockerung	10–30	10–20	groß	mittel
Warming-up-Aktivitäten, die auch als Teamübung geeignet sind					
Handtuch umdrehen	Kommunikation, Kooperation	6–30	15–30	klein	gering
Klatschübung	Konzentration, Aufmerksamkeit, Gruppengefühl stärken, »einen gemeinsamen Takt finden«, Koordination	3–30	10–30	klein	keines
Tic-Tac-Team	gemeinsame Strategie, Kooperation vs. Konkurrenz	10–20	10–15	klein	gering
Lernzitate	Einstimmung auf den gemeinsamen Lernprozess, Schaffung einer offenen Atmosphäre für erfahrungs- und handlungsorientiertes Lernen	5–60	10–45	klein	gering
Stille Post zeichnen	Sensibilisierung für soziale Konstruktion von Realität, Kommunikation, Umgang mit Informationsverlusten und Informationsweitergabe, Kommunikation	5–35	15–30	klein	mittel

Reine Teamübungen

Gruppenturm	Aufmerksamkeit, Kommunikation, Risikobereitschaft, Übernahme unterschiedlicher Rollen, Einführung von Projektmanagement, Wir-Gefühl stärken	7–15	20–45	mittelgroß	mittelhoch
Balltransport	Kommunikation, Kooperation, Aufmerksamkeit, Strategieentwicklung	8–20	30–60	mittelgroß	mittelhoch
Mokadi	Führung, Kultur, Kommunikation, Perspektivenwechsel	12–21	60–90	groß	mittelhoch
Touch Down	Kontinuierliche Verbesserung, Kommunikation, Kooperation, Aufmerksamkeit, Strategieentwicklung, Zielorientierung	8–30	20–40	mittel	mittel
Lost in Shanghai	Kommunikationsverhalten und seine Wirkungen, Bedeutung »innerer Landkarten« für die Kommunikation, Kommunikationsschwierigkeiten, ihre Ursachen und mögliche Lösungen, Bedeutung von Metakommunikation	6–30	60–75	mittel	gering
Menschliche Kamera	Vertrauen, Aufmerksamkeit, Kommunikation	4–40	30–60	groß	gering
Vertrauensfall	Vertrauen, Kommunikation, Selbsterfahrung in der Gruppe	7–13	60–120	mittel	keines
Sabotage	Einfluss von Vertrauen und Misstrauen in Gruppen, Zusammenhang von Vertrauen (Misstrauen) und Leistung bzw. Produktivität bewusst machen, Umgang mit Sabotage in Teams	16–40	30–45	mittel	mittel

Lernspiel und Teamübung

Teamphasen	Auseinandersetzung mit den typischen Merkmalen verschiedener Phasen in der Entwicklung von Teams, mit den Bedürfnissen der Teammitglieder und den Aufgaben von Führung in den jeweiligen Phasen	3–60	90–120	mittel	gering

Planspiele

WIBRI	Kultur, interkulturelle Kommunikation, Umgang mit Regeln und Normen, Umgang mit Konfliktsituationen und Kulturschock	9–18	45–60	mittel	mittel
Autobahnbau	Problemlösen, Kooperation vs. Konkurrenz, Entscheidungsfindung, Durchsetzung von Interessen bei der Nutzung von beschränkten Ressourcen, Verhandlungs- und Argumentationsstrategien, Umgang mit Konflikten, Moderation, Umgang mit Stress	6–60	45–90	klein	gering

Reflexions-, Feedback- und Abschlussübungen

Wäscheleine	Kennenlernen anderer Perspektiven	4–60	20–30	mittel	mittel
»Wo stehe ich?«	Unterstützung des Debriefing, Klarwerden über eigene und andere Standpunkte	4–30	10–20	mittel	gering
Marktplatz und ICHIBA	Kennenlernen anderer Teilnehmer und anderer Perspektiven	10–50	20–30	mittel	keines
Kugellager-Feedback	Selbst- und Fremdbild, Rückmeldung aus verschiedenen Perspektiven	12–30	15–60	mittel	keines
Feedback-Quadrat	Funktionen und Rollen im Team, Selbst- und Fremdbild	10–30	25–75	mittel	mittel
Beziehungsnetz	Gruppengefühl stärken, Feedback	10–20	10–15	klein	gering

Warming-up-Aktivitäten und Energizer

Durch die Brille von . . .

Kategorie:	Warming-up
Lernziele:	Kennenlernen, Perspektivenvielfalt
Teilnehmeranzahl:	5–12 Personen
Zeit:	15–45 Minuten
Ort:	Raum mit Stühlen
Material:	keines

Ablauf und Regeln

Diese Übung dient dazu, einander kennen zu lernen und gleichzeitig einen Themenbezug herzustellen. Man fordert die Teilnehmer auf, sich aus der Perspektive eines Gegenstandes, den alle normalerweise mit sich tragen, vorzustellen, zum Beispiel: »Stellt euch bitte vor, ihr seid euer Handy. Stellt euch aus der Perspektive eures Handy in zwei bis drei Minuten den anderen Teilnehmern vor.« Man sollte den Teilnehmern einige Minuten Zeit geben, um sich zu überlegen, was ihr Handy über sie sagen würde. Dann stellen sich die Teilnehmer den anderen vor.

In dieser Übung kann man natürlich auch andere Gegenstände erzählen lassen, zum Beispiel Zeitplaner, Korrekturstifte, Wintermäntel, Autos, die Wohnzimmercouch oder den Fernseher. Man könnte durch die Wahl des Gegenstandes bereits einen Bezug zum gemeinsamen Arbeitsthema herstellen, zum Beispiel die Beschreibung aus der Perspektive des Zeitplaners als Einstieg in ein Zeitmanagement-Seminar.

Mögliche Variationen

Wenn die Gruppe größer als zwölf Personen ist oder Teile der Gruppe einander bereits kennen, kann die Vorstellung durch Alltagsgegenstände auch in zwei oder mehreren Kleingruppen parallel erfolgen. In diesem Fall würden wir diese Methode allerdings mit einer anderen weiteren Runde koppeln, bei der alle füreinander »sichtbar« werden können.

Begrüßung in anderen Ländern

Kategorie: Warming-up
Lernziele: lockere Atmosphäre schaffen, Kennenlernen
Teilnehmeranzahl: 6–50 Personen
Zeit: 5–10 Minuten
Ort: Raum mit freier Fläche
Material: keines

Ablauf und Regeln

Die Teilnehmer werden gebeten, im Raum umherzugehen. Nach und nach werden vom Trainer verschiedene Begrüßungsrituale erklärt und vorgezeigt. Jeweils für eine Weile sollen die Teilnehmer dann diese Begrüßungsart mit jedem durchführen, der ihnen beim Herumgehen begegnet. Dabei kommt es nicht darauf an, dass alle Begrüßungen auch in der Realität vorkommen. Beispiele: »Wenn ihr jemandem begegnet, dann gebt euch die rechte Hand«, »Wenn ihr jemandem begegnet, dann klatscht euch mit beiden Händen ab«, »Wenn ihr jemandem begegnet, dann zwinkert euch dreimal hintereinander mit den Augen zu«, »Wenn ihr jemandem begegnet, dann klopft mit eurer linken Hand auf die rechte Schulter des anderen«, »Wenn ihr jemandem begegnet, dann steigt mit euren Schuhen sachte auf die Schuhe des anderen«, »Wenn ihr jemandem begegnet, dann berührt euch mit euren linken Knien«, »Wenn ihr jemandem begegnet, dann verbeugt euch mit gefalteten Händen voreinander« usw.

Besondere Hinweise

Es sollte darauf geachtet werden, dass die Begrüßungsart nicht (auch kulturell bedingt) anstößig oder anzüglich ist, also von allen Teilnehmern leicht akzeptiert werden kann.

Mögliche Variationen

Die Teilnehmer werden nach einigen Begrüßungsrunden gebeten, sich selbst Begrüßungsrituale auszudenken. Es können auch noch verbale Anteile hinzugenommen werden (z. B. »Hallo«, »Namaste«, »How do you do?«, »Wenn ich dich sehe, dann geht die strahlende Sonne auf« usw.).

Debrief

Reflexion ist nicht unbedingt notwendig. Es kann aber thematisiert werden, ob einzelne Begrüßungen für die Teilnehmer unangenehm waren, also die persönliche Grenze im Umgang von Nähe und Distanz überschritten haben, und was das für die Zusammenarbeit in einem Team bedeutet. Auch das angemessene Verhalten in Bezug auf andere Kulturen und deren fremde Rituale kann reflektiert werden.

Imitation

Kategorie:	Warming-up/Energizer
Lernziele:	Musterbildung in Gruppen
Teilnehmeranzahl:	5–50 Personen
Zeit:	5–10 Minuten
Ort:	Raum mit freier Fläche oder im Freien
Material:	keines

Ablauf und Regeln

Die Teilnehmer stellen sich im Kreis auf. Sie sollen sich insgeheim eine andere Person als Partner aussuchen, jedoch nicht verraten, wen sie sich ausgesucht haben. Dann sollen sie sich eine Körperbewegung ausdenken, die sie aber an dem Platz durchführen können, an dem sie sich befinden (d. h. nicht im Raum herumgehen). Sie sollen sich diese Bewegung jedoch nur im Geiste vorstellen und diese noch nicht ausführen. Als nächsten Schritt werden die Personen aufgefordert, die Augen zu schließen. Den Teilnehmern wird mitgeteilt, dass sie auf ein Signal hin die Augen öffnen sollen und dann ihre Bewegung machen sollen. Gleichzeitig sollen sie ihren Partner beobachten und nach einigen Momenten die Bewegung des Partners imitieren. Die Personen sollen dabei jede Änderung in der Bewegung ihres Partners ebenfalls sofort nachmachen. Dann bittet der Trainer, dass alle die Augen öffnen und beginnen.

Meistens bleiben nach einiger Zeit (ca. eine Minute) nur wenige Bewegungsmuster übrig, manchmal sogar nur ein einziges. Wenn sich nichts mehr ändert, so wird die Übung beendet, sie kann jedoch gut noch ein paar Mal wiederholt werden (mit der Anweisung, sich neue Bewegungen auszudenken und neue Partner zu wählen).

Debrief

Die Übung macht Spaß und gibt durch die körperliche Bewegung auch neue Energie. Sie muss nicht reflektiert werden. Möglich ist es aber, den Prozess als Metapher für selbstorganisierte Struktur- und Musterbildungsprozesse in Gruppen zu verstehen und zu reflektieren, wie analog zu den Bewegungsmustern oftmals recht schnell gemeinsam aufeinander abgestimmte Handlungs-, Kommunikations-, Rollen- und Beziehungsmuster in Gruppen entstehen. Solche Musterbildungen schränken zwar auch in der Realität die theoretisch denkbaren enormen Freiheitsgrade individueller Verhaltensweisen ein (mit der Gefahr von unflexiblen »Zwangsordnungen« und dem starren Festhalten an gewohnten Normen), sie eröffnen aber die Möglichkeit von Kohäsion, Identitätsbildung, Verlässlichkeit, Vorhersagbarkeit des Handelns anderer und Sicherheitsempfinden in Gruppen. Musterbildungsprozesse und Verhaltensregeln sind somit für die dauerhafte Existenz sozialer Systeme notwendig.

Dreiecksbeziehungen

Kategorie:	Warming-up/Energizer
Lernziele:	Balance in den Beziehungen zwischen Teammitgliedern
Teilnehmeranzahl:	6–30 Personen
Zeit:	5–10 Minuten
Ort:	Raum mit freier Fläche oder im Freien
Material:	keines

Ablauf und Regeln

Die Teilnehmer werden gebeten, sich beliebig im Raum zu verteilen. Dann werden sie aufgefordert, sich heimlich zwei weitere Teilnehmer auszusuchen, ohne dies allerdings mitzuteilen. Die ganze Übung soll ohne verbale Kommunikation ablaufen. Die Aufgabe besteht darin, dass jede Person einen genau gleich großen Abstand zu den beiden Partnern einhalten soll. Bildlich gesehen bildet eine Person mit den beiden Partnern ein Dreieck. Die Schwierigkeit liegt darin, dass jeder andere (aber zum Teil auch gleiche) Partner hat und niemand am Beginn genau weiß, wer wessen Partner sind. Wenn sich eine Person im Raum bewegt, um den passenden Abstand herzustellen, so zieht dies unweigerlich Bewegungen der Partner und so weiter nach sich. Es können verschiedene Versuche durchgeführt werden.

Debrief

Die Übung macht den Teilnehmern meist sehr viel Spaß und gibt durch die körperliche Bewegung auch neue Energie. Häufig bleiben alle Personen in ständiger Bewegung, bestrebt aber unfähig, die geforderte Aufgabe zu lösen. Es gibt jedoch auch Gruppen oder Teilgruppen, die es mit der Zeit schaffen, die Aufgabe zu bewältigen, was sich daran ablesen lässt, dass einige oder sogar alle Personen dauerhaft stehen bleiben. Die Übung muss als Warming-up nicht reflektiert werden. Bei Bedarf kann aber die Übung als Metapher für die Schwierigkeit dienen, in Gruppen ein ausgewogenes und ausbalanciertes Beziehungsgefüge zu entwickeln. Eine weitere Analogie kann darin liegen, dass durch den hohen Grad wechselseitiger Vernetzung und Abhängigkeit in Teams Veränderungen bei einer Person zu Reaktionen und Veränderungen aller anderen führen können. Ein weiteres Reflexionsthema kann die Auseinandersetzung mit dem »richtigen« Verhältnis von Nähe und Distanz (im übertragenen Sinne) von Personen im Team dienen.

Tier-Teamlaute

Kategorie:	Warming-up
Lernziele:	lockere Atmosphäre schaffen, Teams zusammenstellen
Teilnehmeranzahl:	8–30 Personen
Zeit:	5–10 Minuten
Ort:	Raum mit freier Fläche
Material:	Karten mit Tiernamen

Ablauf und Regeln

Die Personen ziehen vorbereitete Karten mit Tiernamen aus einem Behältnis. Die Personen erhalten vorher die Anweisung, eine Karte zu nehmen und still für sich allein zu lesen und mit niemandem über den Inhalt ihrer Karte zu sprechen. Sie sollen sich dann im Raum verteilt aufstellen und die Augen schließen. Dabei sollten so viele verschiedene Tiernamen ausgewählt werden, wie die Anzahl der Gruppe beträgt, die man bilden möchte. Von jedem Tiernamen werden so viele Karten ausgegeben, wie sich Personen in einer zu bildenden Gruppe befinden sollen. Beispiel: Zwölf Teilnehmer und es sollen vier Gruppen mit drei Personen gebildet werden. Mögliche Karten: Hund, Hund, Hund, Katze, Katze, Katze, Hahn, Hahn, Hahn, Kuh, Kuh, Kuh. Sobald alle Personen eine Karte gezogen, sich irgendwo aufgestellt und die Augen geschlossen haben, erfolgt die nächste Anweisung, dass sich nun die Personen mit gleichen Tiernamen auf ihren Karten zusammenfinden müssen. Dabei müssen die Augen geschlossen bleiben, bis der Trainer ein Signal gibt. Es dürfen von den Personen nur den Tieren entsprechende Laute und keinesfalls sonstige Sprache verwendet werden. Der Trainer gibt ein Signal, wenn sich alle Teams gebildet haben. Unter Umständen kann nach einiger Zeit abgebrochen werden, auch wenn noch nicht alle Teams zueinander gefunden haben, in der Regel geht der Findungsprozess aber recht schnell voran.

Besondere Hinweise

Eine freie Fläche ist empfehlenswert, die keine Hindernisse beinhaltet, damit die Personen nicht irgendwo dagegen stoßen.

Mögliche Variationen

Variationen ergeben sich durch andere Geräusche, verbunden mit anderen Gegenständen oder Lebewesen, die eventuell noch mehr Kreativität erfordern. Auch bei den Tiernamen sind schwierigere Varianten denkbar. Wir haben gute Erfahrungen damit gemacht, einer Gruppe ein »stummes« Tier wie zum Beispiel den Fisch zu geben (mögliche Reaktion z. B. »Blubb« etc.).

Debrief

Die Übung eignet sich zur Gruppenbildung für eine nachfolgende komplexere Übung oder ein Planspiel. Sie macht in der Regel viel Spaß und lockert die Atmosphäre auf, was insbesondere am Anfang von Trainingsprogrammen notwendig sein kann, um eine gewisse Scheu abzulegen. Zusätzlich können Gefühle reflektiert werden, zum Beispiel wie es war, allein zu sein und wie sich die Emotionen geändert haben, als man das erste Teammitglied gefunden hatte. Es kann eventuell kurz diskutiert werden, was in Gruppen ein Gefühl der Unsicherheit oder Sicherheit vermittelt, wie Personen unterstützt werden, die sich nicht so gut artikulieren können und wie gemeinsam ein Zusammengehörigkeitsgefühl erzeugt werden kann.

Hänschen Kleins Jukebox

Kategorie: Warming-up/Energizer
Lernziele: Auflockerung
Teilnehmeranzahl: 10–30 Personen
Zeit: 10–20 Minuten
Ort: Raum mit großer freier Fläche oder im Freien
Material: Seil, Stühle, CD-Anlage und CD mit Kinderliedern
                        oder Instrumente

Ablauf und Regeln

Im Raum werden so viele Stühle wie Teilnehmer aufgestellt. Die Stühle stehen dabei ungeordnet in verschiedensten Abständen zueinander über den ganzen Raum verteilt. In der Raummitte wird jedoch eine kleine Fläche mit einem Seil am Boden markiert, in der später alle Teilnehmer komfortabel stehend Platz finden können. In dieser Fläche stehen keine Stühle. Dann startet Musik mit Kinderliedern (auf CD oder Kassette, bei musikalisch begabten Trainern können die Kinderlieder zum Beispiel auch mit Gitarre vorgespielt werden). Solange die Musik läuft, gehen die Teilnehmer jeweils im Raum herum (Laufen ist nicht gestattet, sondern nur schnelles Gehen). Zu einem für die Gruppe unvorhersehbaren Zeitpunkt wird die Musik vom Trainer gestoppt. Jetzt muss jeder Teilnehmer einen Stuhl finden und sich darauf setzen (was in der ersten Runde noch kein Problem darstellt). Dann setzt die Musik wieder ein und damit auch das Herumgehen (wenn die Musik spielt, darf niemand sitzen). Nach und nach werden Stühle entfernt. Personen die bei einem Musikstopp keinen eigenen Stuhl mehr finden, müssen sich in die Fläche in der Mitte begeben und dann kräftig bei den Kinderliedern mitsingen. Die Übung endet, wenn nur noch ein Stuhl und eine sitzende Person als Gewinner übrig bleibt.

Besondere Hinweise

Dieses Warming-up wurde von Teilnehmern eines Seminars von W. Kriz an der LMU München entwickelt.

Warming-up-Aktivitäten, die auch als Teamübung geeignet sind

Handtuch umdrehen

Kategorie:	Warming-up, Energizer oder Teamübung
Lernziele:	Kommunikation, Kooperation
Teilnehmeranzahl:	6–30 Personen
Zeit:	15–30 Minuten
Ort:	Raum mit etwas freier Fläche oder im Freien
Material:	Handtuch

Ablauf und Regeln

Die Personen werden alle auf einem Handtuch stehend platziert. Die Personen sollten dabei dicht zusammenstehen und das Handtuch muss je nach Personenanzahl entsprechend klein sein (kleiner als man normalerweise denken würde!). Die Aufgabe besteht darin, dass das Handtuch vollständig umgedreht werden soll, so dass auch wieder alle Personen auf dem umgedrehten Handtuch stehen. Während der Übung dürfen die Personen den umliegenden Boden (um das Handtuch herum) und den Boden unter dem Handtuch mit keinem Körperteil berühren.

Besondere Hinweise

Es muss abgeschätzt werden, ob die bei dieser Übung notwendige große körperliche Nähe passend ist. Besonders in Gruppen, die sich noch nicht gut kennen oder die Konflikte haben (die bekanntlich auch durch körperliche Nähe verschärft werden), kann dies als unangenehm empfunden werden und daher nicht sinnvoll sein. In bereits funktionierenden Teams ist es jedoch eine interessante und auch mit Spaß verbundene Aufgabenstellung, die das Wir-Gefühl weiter fördert.

Debrief

Als Warming-up muss die Übung nicht weiter reflektiert werden. Die Übung kann bedingt durch die körperliche Nähe aber auch einige Emotionen auslösen, die dann in jedem Fall aufgearbeitet werden sollten.

Diese Übung kann aber auch als Teamübung eingesetzt werden, das heißt es erfolgt eine ausführlichere Reflexion. Es können hier Themen wie Kooperation und gegenseitige Hilfestellung sowie Kommunikation und gemeinsame Lösungssuche diskutiert werden. Im Falle einer genaueren Aufarbeitung kann dann unter anderem diskutiert werden: »Wie stark hast du dich an der Kommunikation in der Gruppe beteiligt? Warum?«, »Wer machte Vorschläge für die Lösung von Problemen?«, »Wer hat die Führung übernommen?«, »Gab es ausreichend Unterstützung für alle Mitglieder?«, »Wurden die Wege zur Zielerreichung von allen geteilt?«, »Gab es im wahrsten Sinne des Wortes ausreichend Zusammenhalt?«, »Wie geht das Team in der Realität mit der Koordinierung von Arbeitsprozessen vor?«

Klatschübung

Kategorie:	Warming-up, Energizer oder Teamübung
Lernziele:	Konzentration, Aufmerksamkeit, Gruppengefühl stärken, »einen gemeinsamen Takt finden«, Koordination
Teilnehmeranzahl:	3–30 Personen
Zeit:	10–30 Minuten
Ort:	Raum oder im Freien
Material:	keines

Ablauf und Regeln

Die Gruppe hat die Aufgabe, die Zahlen 2 bis 9 durch Klatschen zu veranschaulichen. Die Zahlen werden dabei durch kurze Zweiersequenzen (= kurz hintereinander zweimal klatschen, eine Sekunde Pause) und Dreiersequenzen (= kurz aufeinander dreimal klatschen, eine Sekunde Pause) zusammengesetzt. Dabei müssen zuerst alle möglichen Dreiersequenzen, dann erst die noch möglichen Zweiersequenzen geklatscht werden.

Beispiele:
Vier: tt_tt
Fünf: ttt_tt
Sieben: ttt_tt_tt
Neun: ttt_ttt_ttt

Wird die Übung als Warm-up verwendet, erklärt der Spielleiter die Aufgabenstellung und klatscht die Zahlen einmal mit der Gruppe durch. Dann lässt man die Gruppe allein die Aufgabe erfüllen und gibt als Spielregel vor, dass die Gruppe bei einem Fehler wieder von vorne beginnen muss. Wichtig ist, dass die gesamte Gruppe die Zahlen im gemeinsamen Takt klatscht, nicht jede Person für sich.

Natürlich steigt die Fehlerwahrscheinlichkeit mit der Größe der Gruppe. Um die Gruppe nicht zu entmutigen und im zeitlichen Rahmen eines Warm-up zu bleiben, entschärfen wir die Fehlerregel bei größeren Gruppen häufig oder wir brechen die Übung nach einer gewissen Zeit mit einem Lob für die Gruppe ab. Erfahrungsgemäß schaffen es nur wenige Gruppen, innerhalb von fünf bis zehn Minuten die Zahlen ohne Fehler zu klatschen.

Mögliche Variationen

Diese Übung kann auch zu einer Teamübung ausgebaut werden. In diesem Fall erklärt der Spielleiter die Regeln und klatscht mit der Gruppe beispielhaft ein paar Zahlen um sicher zu stellen, dass die Regeln richtig verstanden wurden. Die Schwierigkeit kann noch gesteigert werden, wenn man die Zahlen auch wieder rückwärts klatschen lässt, also 2, 3, 4, 5, 6, 7, 8, 9, 8, 7, 6, 5, 4, 3, 2. Es kann auch eine Zeitvorgabe gemacht werden und/oder die Anzahl der Versuche beschränkt werden. Zum Beispiel: »Ihr habt jetzt maximal acht Versuche oder zehn Minuten Zeit, um die Zahlen von 2 bis 9 richtig zu klatschen.« Eine weitere Möglichkeit ist die Regel, dass die Teilnehmer nicht miteinander sprechen dürfen. Es braucht etwas Fingerspitzengefühl seitens der Spielleitung, welche Schwierigkeit bei welcher Gruppengröße angemessen ist.

Debrief

Wenn die Übung als Warm-up eingesetzt wird, benötigt sie kein Debrief. In dieser Übung stecken allerdings auch zahlreiche gruppenrelevante Themen. Wenn die Übung als Teamübung verwendet wird, kann man im Debrief folgende Aspekte ansprechen: Wie hat sich die Gruppe organisiert? Wer hat Führungsrollen übernommen? Wem wurde zugehört? Wie ist die Gruppe mit Personen umgegangen, denen ein Fehler unterlaufen ist – wurden sie unterstützt oder getadelt?

Tic-Tac-Team

Kategorie:	Warming-up oder Teamübung
Lernziele:	gemeinsame Strategie, Kooperation vs. Konkurrenz
Teilnehmeranzahl:	10–20 Personen
Zeit:	10–15 Minuten
Ort:	jeder Raum
Material:	Flipchart oder Overheadprojektor, Flipchart-Stifte oder Folienstifte, Tic-Tac-Team-Raster

Ablauf und Regeln

Die Gruppe wird in zwei gleich große Teams aufgeteilt. Diese beiden Mannschaften treten gegeneinander in einem Wettbewerb an, der dem bekannten Spiel Tic Tac Toe nachempfunden und auf eine Teamsituation übertragen ist. Das beginnende Team wird ausgelost. Einen Punkt gibt es für ein Team, wenn es gelingt, fünf ihrer Zeichen (X oder O) waagrecht, senkrecht oder diagonal anzuordnen. Hierbei können einzelne Zeichen für mehrere Punkte zählen (siehe Beispiel: Das Team X hätte hier drei Punkte, das Team O hätte hier keinen Punkt).

Beispiel:

X	X	X	X	X			
	X						
	X	X					
	X		X				
	X			X			
O	O	O	O	X	O		

Die Mitglieder der beiden Teams zeichnen abwechselnd ihr Teamzeichen mit einem Stift in ein beliebiges freies Feld in das Raster ein. Dieses Raster kann auf ein Flipchart-Papier gezeichnet werden oder das Raster (siehe Seite 28) auf eine Folie kopiert und mit einem Overheadprojektor für alle sichtbar projiziert werden. Die Mitglieder wechseln einander ab, das heißt ein Teammitglied kommt erst dann wieder an die Reihe, wenn alle anderen Mitglieder bereits dran waren. Jede Person hat maximal zehn Sekunden Zeit zum Einzeichnen. Das Ende ist erreicht, wenn alle Felder mit Zeichen ausgefüllt sind. Das Ziel ist es, das Spiel zu gewinnen (möglichst viele Punkte zu machen).

Besonderer Hinweis

Das Spielziel sollte allgemein formuliert werden, zum Beispiel: »Ziel ist es, möglichst viele Punkte zu machen und so das Spiel zu gewinnen.« Es hat sich bewährt, für die beiden Teams zusätzlich Stifte mit zwei unterschiedlichen Farben (eine Farbe pro Team) zur Verfügung zu stellen.

Mögliche Variationen

Das Raster wird auf DIN A4 kopiert und das Spiel nur in Paaren gespielt. Es spielen also nicht Teams, sondern Partner gegen- oder miteinander (s. u.).

Debrief

Wie bei jeder Warming-up-Übung muss nicht jedes Detail reflektiert werden. Es kann aber Thema der Reflexion sein, inwieweit eine Strategie gemeinsam im Prozess besprochen und umgesetzt wurde. Wurde gemeinsam beratschlagt, wo das nächste Teammitglied ein Zeichen setzen soll oder war jedes Teammitglied bei der Zeichenentscheidung auf sich allein gestellt? Haben sich einzelne Mitglieder vielleicht entgegen ihrer eigenen Meinung dem Gruppendruck gebeugt und das Zeichen an einer Stelle gesetzt, die von anderen vorgeschlagen wurde?

Die Übung trägt durchaus zu einem Wir-Gefühl innerhalb der beiden Teams bei, es kann deshalb unter anderem reflektiert werden, wie eine Gruppenkohäsion entsteht und inwieweit ein Wettbewerb und ein äußeres »Feindbild« im weitesten Sinne die Gruppenbildung nach innen unterstützt.

Ein weiteres Reflexionsthema, das mit der Übung verbunden werden kann, ist die Diskussion von Bedingungen für kooperatives versus konkurrenzorientiertes Verhalten. Das Spielziel wird fast immer konkurrenzorientiert aufgefasst, es kommt fast niemand auf die Idee, dass mit einer beide Teams umfassenden Win-Win-Strategie beide Teams viele Punkte machen können, wohingegen die Konkurrenz meistens dazu führt, dass beide Teams gar keine Punkte erwirtschaften. Wird das Spiel nur in Paaren gespielt, kommt es eher vor, dass einzelne Paare mit einer Win-Win-Strategie spielen, also kooperieren. Dies deshalb, weil hier der Wettbewerbsvorteil einer strategischen Kooperation gegenüber den anderen Paaren gesehen wird, die dann als die eigentlichen Konkurrenten aufgefasst werden. Jedenfalls lässt sich hier Konkurrenz versus Kooperation bei Bedarf vertieft reflektieren. Ohne mit der moralischen Keule zu operieren, kann diskutiert werden, welche Strukturmerkmale in der Realität zu Kooperation oder meistens eher zu Konkurrenz führen. Dabei können unter anderem sechs Kennzeichen herausgearbeitet werden, die zu Konkurrenzverhalten führen und die auf Englisch das Wort »stupid« ergeben. Dummes Verhalten (»stupid behaviour«) entsteht demnach bevorzugt in Situationen mit folgenden Merkmalen, die bei Tic-Tac-Team gegeben sind:

- S = Small Expectations; geringe Erwartungen, das heißt man hat nicht das Ziel, 100 Punkte zu machen, sondern man ist nur darauf aus, einen Punkt mehr als der Gegner zu haben (»besser sein als der andere« anstatt »für sich selbst das bestmögliche Ergebnis anzustreben«).
- T = Time Pressure; Zeitdruck, der der Reflexion und Kommunikation entgegenwirkt.
- U = Untrusting Partners; fehlendes Vertrauen und die Angst, vom anderen ausgenutzt zu werden.

- **P** = Poor Example; schlechte Vorbilder, unter anderem hat man in der Sozialisation eher Konkurrenzverhalten erlernt.
- **I** = Inadequate Vocabulary; ungenaue Ausdrucksweise (z. B. vom Trainer, was genau das Spielziel ist), unangemessene oder fehlende Kommunikation.
- **D** = Dysfunctional Norms; konkurrenzorientierte Normen und Werte, Spiel und Spaß sind in unserer Kultur eher mit Konkurrenz verbunden.

Tic-Tac-Team

Team A: Zeichen: X   Punkte: . . . .

Team B: Zeichen: O   Punkte: . . . .

Lernzitate

Kategorie:	Warming-up und Teamübung
Lernziele:	Einstimmung auf den gemeinsamen Lernprozess, Schaffung einer offenen Atmosphäre für erfahrungs- und handlungsorientiertes Lernen
Teilnehmeranzahl:	5–60 Personen
Zeit:	10–45 Minuten
Ort:	Raum mit offener Fläche oder im Stuhlkreis (s. u.)
Material:	Lernzitate (s. u.)

Ablauf und Regeln

Die 60 Lernzitate, die auf den folgenden Seiten abgedruckt sind, werden ausgeschnitten und im Raum gut sichtbar angeordnet (z. B. auf einem großen Tisch, auf Pinwänden etc.). Die Teilnehmer bekommen einige Minuten Zeit, sich eine Karte auszusuchen, die sie persönlich anspricht. Statt einer Karte können Teilnehmer auch mehrere Karten nehmen, wenn die Gruppe klein ist. Der Inhalt der Karten wird dann mit anderen Personen geteilt, dabei geht es nicht nur um ein einfaches Vorlesen, sondern auch darum, zu dem gewählten Zitat selbst kurz Stellung zu beziehen. Die Form dieses Austausches kann ganz unterschiedlich gewählt werden und ist auch abhängig von der Gruppengröße und der zur Verfügung stehenden Zeit. Bei kleinen Gruppen können die Teilnehmer ihre Karte(n) in einem Stuhlkreis sitzend einer nach dem anderen vorstellen. Dies hat den Vorteil, dass alle Teilnehmer alle gewählten Karten kennen lernen. Bei einer großen Teilnehmeranzahl kann diese Form aber unter Umständen zuviel Zeit in Anspruch nehmen. Es können dann Formen gewählt werden, bei denen die Teilnehmer im Raum herumgehen und sich jeweils einmal oder mehrmals in kleinen Gruppen zusammenfinden und dann austauschen. Eine mögliche Form ist dabei auch die in diesem Buch dargestellte Methode »Marktplatz und ICHIBA«.

Besondere Hinweise

Es hat sich bewährt, die Lernzitate möglichst auf festes, stabiles Papier zu kopieren. Bei häufiger Verwendung ist die Herstellung von laminierten Karten zu empfehlen.

Mögliche Variationen

Die Übung eignet sich zwar gut zur Einstimmung auf den gemeinsamen Lernprozess, kann aber auch ganz am Ende eines Seminars eingesetzt werden. Eventuell können die Teilnehmer dann ihre Karten als Erinnerung mit nach Hause nehmen. Auch eine Kombination mit einem konkreten Lerninhalt ist dabei möglich, das heißt die Teilnehmer schreiben auf die Rückseite ihrer Karte(n), was sie von dem Seminar/Workshop als wichtiges Lernthema für ihre eigene Entwicklung mit nach Hause nehmen wollen oder sie formulieren eine Konsequenz, was sie in Zukunft im Arbeits- oder Privatleben konkret ausprobieren oder umsetzen wollen.

Eine andere Variation bezieht sich auf den Einsatz der Übung über die gesamte Dauer eines Trainings. So haben wir gute Erfahrungen damit gemacht, dass die Teilnehmer am Beginn Karten aussuchen, sich kurz einmal mit einer Person austauschen und sich dann zusätzlich immer wieder während des Seminars mit weiteren Teilnehmern austauschen dürfen, auch in Pausenzeiten. Verbunden ist dies mit einem Austauschpreis (z. B. unser Buch Teamkompetenz), den jene Person am Ende des Seminars erhält, die die meisten Austauschkontakte hatte. Ein Austausch soll dabei immer zwischen zwei (maximal drei) Personen stattfinden und jeweils einen Kommentar der beiden Personen zu beiden Zitaten (dem eigenen und dem der anderen Person) beinhalten. Um die Anzahl der Austauschkontakte zu zählen, sollen die Personen nach jedem Austausch auf der Rückseite des Lernzitates des jeweils anderen unterschreiben. Die Person mit den meisten Unterschriften bekommt am Ende den Preis (oder eventuell werden mehrere Preise vergeben).

Zusätzlich zu den vorgegebenen Zitaten können noch leere Karten mit einbezogen werden, auf die die Teilnehmer weitere ihnen bekannte und zum Thema passende Zitate berühmter Persönlichkeiten aufschreiben und/oder auch ihre eigenen Gedanken darlegen dürfen.

Debrief

Die Lernzitate tragen nach unserer Erfahrung zu einer Öffnung der Teilnehmer bei – ein Öffnen für die Art und Weise des Lernens, das wir mit unseren erfahrungs- und handlungsorientierten Teamübungen und Planspielen umsetzen wollen. Besonders bewährt haben sich die Lernzitate mit Teilnehmern, die selbst aus pädagogischen Berufen stammen (z. B. mit Lehrern). Je nach Situation reicht die Vorgehensweise, die oben beschrieben wurde, im Sinne einer Warming-up-Übung. Zusätzlich kann aber auch noch gemeinsam tiefergehend reflektiert werden, was diese Zitate im Rahmen des gemeinsamen Lernprozesses in dem jeweiligen Seminar, Training oder Workshop konkret bedeuten könnten, zum Beispiel: »Welche Zitate sagen etwas darüber aus, wie wir hier miteinander die nächsten Tage gemeinsam gestalten und lernen wollen?«. Bezug nehmend auf einige Lernzitate bietet es sich auch an, dass die Trainer kurz ihre Vorstellungen zu der von ihnen im Training umgesetzten Lernphilosophie der Gruppe darlegen.

Lernzitate

Das Allerwichtigste ist, neugierig zu bleiben. Ich lerne jeden Tag etwas Neues. Und ich hoffe, nie den Tag zu erleben, an dem es für mich nichts mehr zu lernen gibt.	Hohe Bildung kann man dadurch beweisen, dass man die kompliziertesten Dinge auf einfache Art zu erläutern versteht.
Rigoberta Menchu	*George Bernhard Shaw*
Nicht für die Schule, sondern für das Leben lernen wir.	Der Mensch soll lernen, nur die Ochsen büffeln.
Seneca	*Erich Kästner*
Alle Kinder treten als Fragezeichen in die Schule ein und verlassen sie als Punkt.	Natürlicher Verstand kann fast jeden Grad von Bildung ersetzen, aber keine Bildung den natürlichen Verstand.
Neil Postman	*Arthur Schopenhauer*

Lernen besteht in einem Erinnern von Informationen, die bereits seit Generationen in der Seele des Menschen wohnen.	Es ist ein großer Vorteil im Leben, die Fehler, aus denen man lernen kann, möglichst frühzeitig zu machen.
Sokrates	*Winston Churchill*
Die Bildung ist den Glücklichen ein Schmuck, den Unglücklichen ein Trost.	Denken ohne zu lernen ist töricht, lernen ohne zu denken ist gefährlich.
Demokrit	*Lao-Tse*
Lernen, ohne nachzudenken, ist verlorene Zeit; nachzudenken, ohne zu lernen, ist von Übel.	Lernen ist wie das Rudern gegen den Strom; sobald man aufhört, treibt man zurück.
Konfuzius	*Chinesische Weisheit*
Im Leben lernt der Mensch zuerst gehen und sprechen. Später lernt er dann stillzusitzen und den Mund zu halten.	Zwei Dinge sind unendlich: das Weltall und die Dummheit der Menschen. Vom Weltall wissen wir es allerdings nicht genau.
Max Weber	*Albert Einstein*
Erfahrung nennt man die Summe aller unserer Irrtümer.	Um zur Wahrheit zu gelangen, sollte jeder die Meinung seines Gegners zu verteidigen versuchen.
Thomas Alva Edison	*Jean Paul*
Wenn es nur eine einzige Wahrheit gäbe, könnte man nicht hundert Bilder über dasselbe Thema malen.	Gewohnheit, Sitte und Brauch sind stärker als die Wahrheit.
Pablo Picasso	*Voltaire*

Auch der ehrlichste Denker wird es ohne Humor niemals zum Philosophen, sondern immer nur zum Pedanten bringen.	Viele Leute glauben zu denken, dabei ordnen sie lediglich ihre Vorurteile neu.
Arthur Schnitzler	*Williams James*
Wer A sagt, der muss nicht B sagen. Er kann auch erkennen, dass A falsch war.	Wenn dich jemand »vollkommen versteht«, sei gewiss, dass dich niemand vollkommener missversteht.
Bertolt Brecht	*Christian Morgenstern*
Erfahrung ist eine verstandene Wahrnehmung. Habt Mut, euch eures eigenen Verstandes zu bedienen!	Nichts macht den Menschen argwöhnischer, als wenig zu wissen.
Immanuel Kant	*Francis Bacon*
Nichts macht auf den Geist des Menschen einen sanfteren und tieferen Eindruck als das Beispiel.	Der Anfang aller Weisheit ist Verwunderung.
John Locke	*Aristoteles*
Bemühe dich nicht, alles wissen zu wollen, sonst lernst du nichts.	Ideen sind mächtiger als Körperkraft.
Demokrit	*Sophokles*
Es ist besser, ein einziges kleines Licht anzuzünden, als die Dunkelheit zu verfluchen.	Ich weiß, dass ich nichts weiß.
Konfuzius	*Sokrates*

Ich höre und vergesse, ich sehe und erinnere mich, ich tue und verstehe. *Chinesisches Sprichwort*	Wer sich am Ziele glaubt, geht zurück. *Lao-Tse*
Ist es denn so schlimm, missverstanden zu werden? Pythagoras und Sokrates wurden missverstanden, Christus, Luther, Kopernikus, Galilei und Newton. *Ralph Waldo Emerson*	Wer sich in diesen Zeiten entschlossen hat, mit dem Kopf zu arbeiten, ohne Fußballer zu sein, ist Kummer gewohnt. *Helmuth Qualtinger*
Man bleibt jung, so lange man noch lernen, neue Gewohnheiten annehmen und Widerspruch ertragen kann. *Marie von Ebner-Eschenbach*	Einen Menschen erziehen heißt, ihm zu sich selbst verhelfen. *Peter Altenberg*
Bildung ist das, was die meisten empfangen, viele weitergeben und wenige haben. *Karl Kraus*	Ein Talent hat jeder Mensch, nur gehört zumeist das Licht der Bildung dazu, um es aufzufinden. *Peter Rosegger*
Gelehrte sind Menschen, die sich von normalen Sterblichen durch die anerworbene Fähigkeit unterscheiden, sich an weitschweifigen und komplizierten Irrtümern zu ergötzen. *Anatole France*	Phantasie ist wichtiger als Wissen. *Albert Einstein*
Eine Erkenntnis von heute kann die Tochter eines Irrtums von gestern sein. *Marie von Ebner-Eschenbach*	Jeder kann sagen, was er will, auch wenn es falsch ist. Denn jeder hat das Grundrecht auf Irrtum. *Roman Herzog*

Sobald jemand in einer Sache Meister geworden ist, sollte er in einer neuen Sache Schüler werden.	Betrachte einmal die Dinge von einer anderen Seite, als du sie bisher sahst; denn das heißt neues Leben beginnen.
Gerhart Hauptmann	*Mark Aurel*
Weise lernen von Narren, Narren niemals von Weisen.	Geh den Weg des Nichtwissens. Er ist die Visitenkarte des Unbewussten. Lass alles Vorwissen fahren und sage: Ich weiß nichts, und ich bin daran interessiert, es herauszufinden.
Marcus Porcius Cato	*Milton H. Erickson*
Man glaubt gar nicht, wie schwer es oft ist, eine Tat in einen Gedanken umzusetzen.	Der Fisch ist der einzige, der nicht weiß, dass er im Wasser schwimmt.
Karl Kraus	*Chinesisches Sprichwort*
Es ist nicht genug, zu wissen, man muss es auch anwenden. Es ist nicht genug, zu wollen, man muss es auch tun.	Jemand, der nicht lesen und schreiben kann, diktiert.
Johann Wolfgang von Goethe	*Karl Farkas*
Wo nehme ich nur all die Zeit her, soviel nicht zu lesen?	Bildung kommt von Bildschirm und nicht von Buch, sonst hieße es ja Buchung.
Karl Kraus	*Dieter Hildebrand*
Was man lernen muss, um es zu tun, das lernt man, indem man es tut.	Wer aufhört zu lernen, ist alt. Er mag zwanzig oder achtzig sein.
Aristoteles	*Henry Ford*

Lesen macht vielseitig, verhandeln geistesgegenwärtig und schreiben genau.	Schreibe kurz – und sie werden es lesen. Schreibe klar – und sie werden es verstehen. Schreibe bildhaft – und sie werden es im Gedächtnis behalten.
Francis Bacon	*Joseph Pulitzer*
Ein Raum ohne Bücher ist ein Körper ohne Seele.	Man lässt sich gewöhnlich lieber durch Gründe überzeugen, die man selbst gefunden hat, als durch solche, die anderen in den Sinn gekommen sind.
Cicero	*Blaise Pascal*
Ich suche nicht, ich finde. Suchen ist, wenn man von alten Dingen ausgeht und im Neuen das bereits Bekannte wieder findet. Finden ist etwas völlig Neues. Alle Wege sind offen, und was gefunden wird, ist unbekannt. Es ist ein Wagnis, ein Abenteuer	Achtmal bekam ich die Ehrendoktorwürde und den Friedensnobelpreis. Aber das macht mich nicht wertvoll. Ein Mensch ist viel mehr wert als sämtliche Diplome, die er besitzt. Ich möchte mein Leben lang Schülerin bleiben.
Pablo Picasso	*Rigoberta Menchu*
Viel Denken, nicht viel Wissen ist zu pflegen.	Die meisten Anstrengungen der Eltern, ihren Kindern gute Manieren beizubringen, scheitern daran, dass die Kinder in einem natürlichen Trieb alles nachmachen, was sie ihre Eltern tun sehen.
Demokrit	*Bertrand Russel*
Wo mein Interesse, meine Vernunft oder meine Phantasie nicht aufgerufen waren, sollte ich oder konnte ich nicht lernen.	Vielwisserei bringt noch keinen Verstand.
Winston Churchill	*Heraklit*

Stille Post zeichnen

Kategorie:	Warming-up oder Teamübung
Lernziele:	Sensibilisierung für soziale Konstruktion von Realität, Umgang mit Informationsverlusten und Informationsweitergabe, Kommunikation
Teilnehmeranzahl:	5–35 Personen
Zeit:	15–30 Minuten
Ort:	Raum mit etwas freier Fläche
Material:	Flipcharts, Pinwände und Stifte

Ablauf und Regeln

Die Teilnehmer werden aufgefordert, sich in einer Reihe hintereinander aufzustellen, so dass jeder den Rücken der vor ihm stehenden Person ansieht. Die erste Person in der Reihe steht mit einem Stift in der Hand vor einer Pinwand mit einem Bogen Flipchart-Papier. Die Teilnehmer dürfen während der gesamten Übung nicht miteinander sprechen. Der Trainer zeigt nun der letzten Person der Reihe eine Karte mit einem Begriff (z. B. »Haus«). Die Personen sollen nun eine nach der anderen den Begriff auf den Rücken des Vordermannes zeichnen. Das Zeichnen pflanzt sich also durch die ganze Reihe nach vorne hin fort. Die erste Person zeichnet den Begriff dann auf das Flipchart-Papier und soll dann erraten, welcher Begriff gemeint war. Es wird kurz aufgelöst, welchen Begriff die letzte Person tatsächlich bekommen hatte. Je nach zur Verfügung stehender Zeit werden die Personen in der Reihe immer wieder neu durchmischt, so dass sich andere Personen am Beginn und am Ende der Reihe befinden. Dann wird jeweils ein neuer Begriff vorgegeben und wieder gezeichnet.

Je nach Teilnehmeranzahl müssen mehrere Reihen gebildet werden. Nach unserer Erfahrung sind fünf bis acht Personen pro Reihe zu empfehlen. Es kann aber sogar besonders interessant sein, wenn mehrere Reihen gleichzeitig denselben Begriff bearbeiten und dann unterschiedliche Resultate (Zeichnungen) vorliegen, die verglichen werden können.

Besondere Hinweise

Die Begriffe sollten fortlaufend schwerer werden. Am Beginn eignen sich Begriffe wie »Haus«, »Blume«, »Sonne« usw., später können auch Begriffe wie »Wahrheit« oder »Teamkompetenz« gewählt werden.

Debrief

Reflexion ist nicht unbedingt notwendig. Es bietet sich aber an, gemeinsam zu reflektieren, welche Metapher in der Übung steckt, die auf die Realität übertragen werden kann. Hierbei können verschiedene Aspekte im Zusammenhang mit sozialer Konstruktion von Realität in Gruppen diskutiert werden. Insbesondere können Probleme angesprochen werden, die bei Informationsweitergabe und Informationsverlusten in Gruppen entstehen. Die Veränderungen von Informationen und Bedeutungen können reflektiert werden, die durch die subjektive Filterung auf Basis der jeweiligen mentalen Modelle der Beteiligten entstehen. Ein weiterer Aspekt, der in der Reflexion behandelt werden kann, stellt der Umgang des Teams mit Fehlern und Schuldzuweisungen dar (z. B. »Die Person X hat die Information nicht richtig weitergegeben«).

Es kann weiter überlegt werden, wie diese Erkenntnisse in die Alltagsrealität übertragen werden könnten: »Was zeigt diese Übung über Informationsverluste und -verzerrungen in der Realität?«, »Was bedeutet diese Erfahrung für die optimale Gestaltung der Kommunikation in Teams?«, »Welche Methoden und Strategien können die Kommunikation und das Wissensmanagement in Gruppen unterstützen?«, »Wie kann man im Team sicherstellen, dass alle auf dem selben Informationsstand sind und kritische Aspekte wie unter anderem Teamziele, gemeinsamen Arbeitsansatz, Rollenverteilung usw. gleich verstehen und definieren?«, »Wie entstehen Gerüchte und wie kann man Gerüchte wirkungsvoll verhindern?«

Reine Teamübungen

Gruppenturm

Kategorie:	Teamübung
Lernziele:	Aufmerksamkeit, Kommunikation, Risikobereitschaft, Übernahme unterschiedlicher Rollen, Einführung von Projektmanagement, Wir-Gefühl stärken
Teilnehmeranzahl:	7–15 Personen
Zeit:	20–45 Minuten
Ort:	Raum mit offener Fläche oder im Freien (glatter, ebener Untergrund für den Turm)
Material:	Bausatz für den Turm

Zum Material

Der Bausatz für den zu bauenden Turm besteht aus sechs Holzklötzen (= ein Bausatz) und einer Hebevorrichtung aus Holz, Schnüren und Metallteilen. Je nach Spielvariante werden auch mehr Klötze oder Bausätze benötigt. Das Material für die Hebevorrichtung kann man in einem Baumarkt erwerben oder herstellen lassen. Die Holzklötze kann man bei einem Tischler machen lassen. Bezugsquellen für den Kauf des gesamten Bausatzes sind auch unter www.teamkompetenz.net zu finden. Hier die Angaben für Leser, die es selber machen oder machen lassen wollen:

Holzklotz

Höhe: 17 cm, davon der untere Teil 11 cm, der Einschnitt-Zwischenraum 1 cm und der obere Teil 5 cm. Breite und Tiefe: 7 cm, der Einschnitt geht 3,5 cm in die Mitte der Tiefe.

Hebevorrichtung Teil 1

Holzscheibe: Die Scheibe hat 12 cm Durchmesser und ist ca. 2 bis 5 mm dick, 15 Löcher, von Loch zu Loch etwa 2 cm Abstand. Durch die Löcher werden Schnüre festgemacht. Die Seile sind ca. 1,5 m lang.

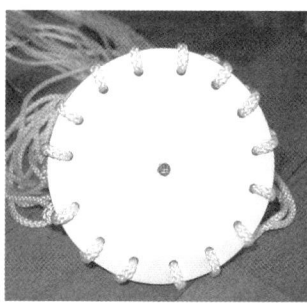 

Hebevorrichtung Teil 2

An der Unterseite der Holzscheibe ist ein kleiner Holzblock (7 cm lang) befestigt (von oben mit Schraube und von unten mit Ringöse).

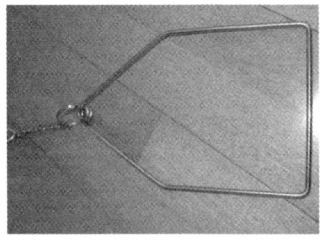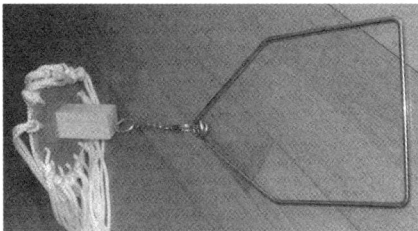

Abbildung 1: Bauanleitung

An der Ringöse hängt eine Metallkette (15 cm lang). An der Metallkette hängt eine Metallvorrichtung, die aus einem mehrfach gebogenen Metallstab besteht. Der Metallstab wird so gebogen, dass die fünf entstehenden Seiten jeweils 11 bis 12 cm lang sind.

Ablauf und Regeln

In der Mitte des Raumes werden die sechs Holzklötze auf den Boden gestellt (meist beliebig auf einer Grundfläche von drei bis vier Quadrat-

Abbildung 2: Schematische Darstellung von »Gruppenturm« mit nur vier Personen. In der Realität sollten es 7 bis 15 Personen sein.

metern verteilt). Der Spielleiter erklärt den Teilnehmern, dass es Aufgabe der Gruppe ist, mit Hilfe des Hakens und der Hebevorrichtung die Klötze aufeinander zu stellen, so dass ein Turm entsteht, der nicht umfallen darf. Dazu hält jedes Mitglied eine der Schnüre, die nur am hinteren Ende (an den letzten 20 cm) angefasst werden dürfen und während der gesamten Übung in der Hand gehalten werden müssen. Wenn die Gruppe sehr klein ist, müssen mehrere Personen mehrere Schnüre halten. Andere Hilfsmittel sind für den Turmbau nicht erlaubt, die Klötze dürfen mit keinem Körperteil berührt werden. Wenn ein Klotz oder der Turm umfällt, so stellt der Spielleiter die Klötze wieder in der Mitte auf.

Dann übergibt man die Schnüre mit der Hebevorrichtung an die Teilnehmer oder legt sie zu den Klötzen und überlässt es der Gruppe, die Übung zu beginnen. Neben dieser Standardvariante haben wir die Übung in mehreren Varianten weiterentwickelt.

Mögliche Variationen

Varianten mit erschwerenden Bedingungen

Erfahrungsgemäß gelingt es kleineren Gruppen leichter, den Turm zu bauen. Die Aufgabenstellung kann erschwert werden, indem man der Gruppe eine Zeitvorgabe gibt, zum Beispiel fünf Minuten.

Eine weitere Erhöhung des Schwierigkeitsgrades kann man durch die räumliche Platzierung der Klötze erreichen, indem man beispielsweise die Klötze so im Raum verteilt, dass sie weit transportiert werden müssen. Man könnte auch einen Kreis von einem halben bis einen Meter Durchmesser am Boden markieren, in dem der Turm gebaut werden muss. Die Klötze werden jedoch im gesamten Raum verteilt und es ist verboten, den Kreis zu betreten.

Eine andere Möglichkeit ist eine Tragevariante, bei der die Entfernung zwischen dem jetzigen Standort und dem Zielstandort relativ groß und mit Hindernissen gespickt ist. Hauptziel ist bei dieser Variante der Transport, nicht der Bau eines möglichst hohen Turmes. Eine weitere Variation ergibt sich, wenn manche Klötze auf Tischen stehen und hinuntergehievt werden müssen.

Variante mit mehreren Klötzen

Die Übung kann speziell dazu verwendet werden, das Wir-Gefühl und die Erfolgszuversicht einer Gruppe zu stärken. In diesem Fall beginnt man mit fünf bis maximal sechs Klötzen. Diese Zahl ist für die meisten Gruppen gut zu schaffen – es entsteht bereits das Gefühl, gemeinsam etwas erreicht zu haben. Dann bietet man der Gruppe weitere Klötze an: »Möchtet ihr den Turm noch höher bauen, ich habe noch Klötze da ... Wie viele Klötze wollt ihr noch?« Dann stellen wir zum Beispiel noch zwei Klötze in die Mitte und bieten danach immer wieder einen Bauklotz an. Bei allen Gruppen steigt unserer Erfahrung nach die Motivation zum Weiterbauen mit zunehmendem Erfolg. Sie wägen aber auch den möglichen Erfolg gegen das steigende Risiko ab. Bestimmte Personen stehen dabei meist für »weiter«, andere für »zu riskant«. Die Gruppen suchen erfahrungsgemäß auch nach einer äußeren Bezugsnorm, indem sie sich erkundigen, wie viele Klötze andere Gruppen aufeinandergestellt haben. Einer Gruppe ist es gelungen, elf Klötze aufeinander zu bauen – bei den letzten mussten sie sich auf die Stühle stellen. Bisher ist in unseren Übungen nur einer Gruppe am Ende der Turm umgefallen. Alle anderen haben vorher weitere Klötze abgelehnt.

Bei dieser Spielvariante könnte man neben der allgemeinen Aufarbeitung speziell die unterschiedlichen Motivationen und Anspruchsniveaus in der Gruppe diskutieren. Der Spielleiter könnte auch unterschiedliche Rollen in einer Gruppe thematisieren, insbesondere wer in der Gruppe auf welche Weise zum Weitermachen angespornt hat und wer eher auf das damit verbundene Risiko geachtet hat – beides sind wichtige Rollen in einer Gruppe, die ausbalanciert werden müssen.

Varianten mit mehreren Gruppen

Häufig arbeiten wir mit mehr als 15 Teilnehmern. In diesem Fall haben wir mit folgenden Varianten gute Erfahrungen gemacht.

Turmbau-Konkurrenz: Die Gruppe wird geteilt und jede Teilgruppe erhält einen Satz Bauklötze. Dabei sollten sich die Gruppen im gleichen Raum aufhalten, denn es geht darum, die Wirkungen von Konkurrenz spürbar zu machen. Der Spielleiter gibt die Instruktion wie bei der Basisvariante und erklärt, dass jene Gruppe gewonnen hat, die als erste den Turm aus den sechs Klötzen gebaut hat. Der Spielleiter könnte auch mehrere Klötze pro Gruppe zur Verfügung stellen und ein Zeitlimit einführen. »Ihr habt jetzt zehn Minuten Zeit, um einen möglichst hohen Turm zu bauen. Gewonnen hat die Gruppe, die beim Klingelzeichen die meisten Klötze fertig übereinander stehen hat.«

Die Konkurrenz könnte zusätzlich angespornt werden, wenn jede Gruppe nur die sechs Standardbauklötze erhält, weitere jedoch in einem gemeinsamen Pool zwischen den Gruppen stehen. Die Gruppen dürfen nur auf den Pool zugreifen, wenn in der Gruppe selbst alle Klötze bereits verbaut wurden. Als Zusatzregel kann formuliert werden: »Fällt der Turm einer Gruppe um, so müssen alle Klötze wieder in die Mitte gestellt werden, die sich diese Gruppe über die sechs Standardklötze hinaus bereits aus dem Pool geholt hat.« Gewonnen hat jene Gruppe, die am Ende die meisten Bauklötze aufeinander stellen konnte. Bei dieser Variante geht es zusätzlich um das Nutzen gemeinsamer Ressourcen.

Turmbau-Projekt: Bei dieser Variante arbeiten zwei Gruppen nicht parallel in Konkurrenz, sondern nacheinander als Teilprojektgruppen an einer gemeinsamen Aufgabe. Der Spielleiter teilt die Gruppe in zwei Teilgruppen 1 und 2. Es stehen insgesamt acht Klötze in einem Radius von ein bis zwei Metern in der Mitte. Die Gruppe hat die Aufgabe, in zehn Minuten die acht Klötze zu einem Turm zu bauen. Gruppe 1 beginnt, nach fünf Minuten baut Gruppe 2 weiter. Nach zehn Minuten wird die Übung abgebrochen.

Debrief

Gleich vorweg: Wenn wir die Übung als Abschluss in Arbeitssequenzen mit Gruppen und Teams einsetzen, um das Wir-Gefühl zu stärken, verzichten wir auf ein Debrief.

Allerdings ist der Teamturm auch eine unserer Lieblingsübungen, wenn die Themen Gruppe und Team bearbeitet werden sollen. Aus dem Debrief zu dieser Übung können alle relevanten Teamthemen entwickelt werden: Rollen, Kooperation, Führung, Kommunikation usw.

Im Debrief sollte auf jeden Fall angesprochen werden, wie die Gruppe an die Aufgabe herangegangen ist. Manche Gruppen verwenden sehr viel Zeit in die Arbeitsvorbereitung, das heißt: Wie stellt sich die Gruppe rund um die Klötze auf? Sollen die Klötze vorher umgestellt werden? usw. Andere gehen sehr schnell an die Arbeit und lernen lieber aus Versuch und Irrtum. In realen Gruppen kann man das gut auf den Alltag umlegen: Wer hat welche Präferenzen? Wie gehen wir mit den unterschiedlichen Präferenzen um? Wessen Präferenzen setzen sich durch?

Daran könnte man auch die Frage nach dem Anspruchsniveau oder den Qualitätskriterien in der Gruppe knüpfen. Legt die Gruppe eher Wert darauf, rasch voranzukommen oder geht es auch darum, die Klötze exakt aufeinander zu stellen? Auch dieser Aspekt kann in realen Gruppen gut auf den Arbeitsalltag umgelegt werden.

In dieser Übung wird gut sichtbar, wer welche Rolle in der Gruppe einnimmt. Das ist ein wichtiges Thema bei dieser Übung, vor allem in Bezug auf die Führungsrolle. Der Teamturm macht sichtbar, dass Steuerung in einem Team nicht nur allein von einer Person wahrgenommen werden kann. Wichtige Aufgaben in einem Team sind auf mehrere Personen verteilt. Jede Person muss sich von ihrem Standort und von ihrer Perspektive aus einbringen, damit die Übung gelingt. In gemischtgeschlechtlichen Gruppen könnten auch geschlechtsspezifische Rollenübernahmen (Führung) und Kommunikationsmuster sichtbar werden, die der Spielleiter aufgreifen könnte.

Interessant ist es auch zu fragen, wofür die Holzklötze Metapher sind, zum Beispiel für ein Projekt (die einzelnen Klötze als »Meilensteine«), eine gemeinsame Aufgabe, eine Vision, an der gebaut wird. Auch das Tragesystem als Metapher kann thematisiert werden. Die verbundenen Schnüre oder die Scheibe steht für das Beziehungsgeflecht in Gruppen. Es repräsentiert auch ein Kommunikationsmuster, in dem alle mit allen verbunden sind. Es kann aber auch für Spannung, Ausbalancieren und Ausgleichen innerhalb einer Gruppe stehen (vgl. auch die nächste Übung »Balltransport«).

Bei der Turmbau-Projekt-Variante könnte noch Folgendes zusätzlich angesprochen werden: Wie zufrieden ist die Gruppe mit dem Ergebnis? Was sind die Gründe dafür? Wem wird Erfolg/Misserfolg zugeschrieben? Wie definieren die beiden Teilgruppen »Erfolg« – geht es um ihren Teilerfolg oder den Gesamterfolg? Wie gehen die Gruppen mit dem Zeitdruck um? Welche Strategien haben die Teilgruppen angewandt – Sicherheit, Risiko? Welche Gefühle entstehen beim Wechsel der Gruppe in Gruppe 1 und Gruppe 2? Welche Gruppe hatte mehr Verantwortung? War es die Gruppe, die ein gutes Fundament bauen musste oder die zweite, die nicht zerstören durfte, was bereits aufgebaut wurde? Es kann auch diskutiert werden, inwieweit die zweite Gruppe in der Lage war, durch Beobachtungen der ersten Gruppe etwas für ihren Arbeitsprozess zu lernen und umzusetzen. Bei dieser Variante werden viele Phänomene besprechbar, die in Projektgruppen typischerweise entstehen. Sie eignet sich daher gut für den Einsatz im Kontext von Projektmanagement.

Manche Teilnehmer sprechen an, dass sie eine passive Rolle eingenommen haben (»Ich hab meine Schnüre durchhängen lassen«), weil sie sich überflüssig gefühlt hätten oder weil es leichter ist, wenn die Übung nur zwei oder drei Personen durchführen. Das könnte aufgegriffen werden in Bezug auf eine ideale Gruppengröße. Wenn eine Gruppe zu groß ist, unterstützt das den Trittbretteffekt, das heißt, manche Mitglieder fühlen sich nicht mehr gebraucht und »tauchen unter«. Man könnte in der Übung auch bewusst damit experimentieren und zunächst zu viele Personen mitarbeiten lassen, dann die Größe reduzieren. Der Spielleiter könnte bei diesem Argument auch unterschiedliche Rollen in Gruppen und Teams oder den Wechsel der Rollen ansprechen. Eine Gruppe kann auch dadurch unterstützt werden, dass Teilnehmer aufmerksam beobachten, sich aber nicht aktiv ins Geschehen einbringen. Denn selbst die Personen, die meinen, nicht mitbauen zu müssen, können ihre Perspektive als wichtigen Korrekturfaktor einbringen. Ein Teilnehmer hat dies einmal treffend als »aktive Passivität« bezeichnet. Die Übung zeigt nämlich, dass dort nicht sehr gut gebaut wird (d. h. die Klötze stehen dann nicht sehr stabil übereinander), wo dominante Personen sind, die andere Perspektiven nicht ernst genug nehmen.

Balltransport

Kategorie:	Teamübung
Lernziele:	Kommunikation, Kooperation, Aufmerksamkeit, Strategieentwicklung
Teilnehmeranzahl:	8–20 Personen
Zeit:	30–60 Minuten
Ort:	Raum mit freier Fläche oder im Freien
Material:	Flasche(n), Tennisball, Tragevorrichtung mit Ring und Schnüren

Ablauf und Regeln

Zur Vorbereitung muss eine spezielle Tragevorrichtung konstruiert werden, die aber sehr leicht herstellbar ist. Auf einem Ring (z. B. Holzring) mit 6 cm Durchmesser werden so viele Schnüre befestigt, wie Personen an der Übung teilnehmen. Die Schnüre haben eine Länge von 1 bis 1,5 Meter.

Diese Teamübung funktioniert ganz ähnlich wie die Tragevariante der zuvor dargestellten Teamübung »Gruppenturm« (s. o.), allerdings wird hier kein Holzklotz, sondern ein Tennisball transportiert, was einige Geschicklichkeit erfordert. Es werden zwei (leere und geöffnete) Flaschen im Raum in einiger Entfernung aufgestellt. Über einen der Flaschenhälse wird der Ring gestülpt, sodass dieser auf dem Flaschenkörper aufliegt. Die Schnüre gehen strahlenförmig in alle Richtungen vom Ring ab und liegen am Boden auf. Auf die Flaschenöffnung wird ein Tennisball platziert. Ziel ist, dass der Tennisball auf der Flaschenöffnung der zweiten Flasche abgesetzt wird. Der Ball darf beim Aufheben und Absetzen sowie während dem Transport niemals herunterfallen, sonst muss die Gruppe

Abbildung 3: Schematische Darstellung von »Balltransport« mit nur vier Personen. In der Realität sollten es 8 bis 20 Personen sein.

neu von vorn beginnen. Die Flaschen und der Ball dürfen von den Teilnehmern nicht berührt werden. Die Teilnehmer dürfen nur die Schnüre anfassen und müssen diese am Ende (die letzten 20 cm) festhalten, jeder Teilnehmer soll dabei eine Schnur halten.

Besondere Hinweise

Ring und Schnüre kann man kostengünstig in jedem Bastelgeschäft oder Baumarkt kaufen.

Mögliche Variationen

Durch andere Schnüre (Gummi), kleinere Ringe und andere Bälle kann die Übung im Schwierigkeitsgrad variiert werden. Auch die Flaschen können in unterschiedlicher Höhe aufgestellt werden (z. B. eine auf einem Tisch). Im Freien kann nach einigen ersten Versuchen ein rohes Ei statt dem Ball die Spannung zusätzlich erhöhen.

Eine andere Variante besteht darin, dass die Teilnehmer die Augen verbunden bekommen und nur eine Führungsperson sehen kann, die allerdings nichts anfassen darf. Die Führungsperson muss die Gruppe zum Ziel leiten. Bei dieser Variante sollten jedoch nur acht bis zehn Personen teilnehmen, da die Koordination mit geschlossenen Augen sonst zu schwierig wird.

Debrief

Mit dieser Teamübung können viele grundlegende Teamthemen angesprochen werden (vgl. zum Teil auch Anregungen zur Reflexion zur Übung »Gruppenturm«). Die Teilnehmer müssen miteinander interagieren und über das Transportsystem sind alle unmittelbar miteinander verbunden. Hier bietet sich die Übung als eine Metapher in Bezug zum Beziehungsgeflecht in einem Team an, in dem auch alle Beteiligten von einander abhängen. Was an einer Stelle des sozialen Netzwerkes passiert, hat auch Auswirkungen auf alle anderen Mitglieder. Somit ist ein mögliches Reflexionsthema, wie eine im wahrsten Sinne des Wortes tragfähige Balance im Team hinsichtlich verschiedenen Bedürfnissen, Arbeitsweisen, Zielvorstellungen, Interessen, Machtansprüchen usw. hergestellt werden kann.

Auch der Ball (das Ei) bietet sich als Metapher an. Man kann zum Beispiel reflektieren, was am Arbeitsplatz des Teams den Ball repräsentiert: »Was bedeutet der Ball in eurer realen Zusammenarbeit, was muss dort am Arbeitsplatz oder in eurem Team besonders sensibel behandelt werden?«

Die Übung bietet sich an, die Aufmerksamkeit füreinander und die Konzentration hinsichtlich der Verfolgung eines Zieles zu fördern. Es kann vertieft reflektiert werden, wie das Team Prozesse der Koordination von gemeinsamen Anstrengungen und der gegenseitigen effektiven Kommunikation und Moderation gestaltet. Der Umgang mit Stress und Fehlern sowie der Umgang mit Frustration und Demotivation (wenn bereits mehrere Versuche gescheitert sind) kann aus der Übung in die Praxis eines Teams übertragen werden. Auch die Frage, inwieweit die Gruppe aus Fehlern gelernt hat und bereit war, über Verbesserungen nachzudenken, kann mit dieser Teamübung gut aufgearbeitet werden. Natürlich lassen sich gegebenenfalls auch Konflikte durch unterschiedliche Meinungen diskutieren und Spannungen thematisieren, wenn sich zum Beispiel einige wenige Teammitglieder auf Kosten der anderen in den Vordergrund drängen. Wenn man die gesamte Aufgabe als Metapher für eine Projektarbeit eines Projektteams sieht, so kann vertieft reflektiert werden, inwieweit wesentliche Kriterien wie zum Beispiel Teamzusammenhalt, gemeinsame Verantwortungsübernahme, Zielorientierung und Strategien zur Aufgabenbewältigung in der Übung und in der Realität des Projektteams funktioniert haben und welche Optimierungen notwendig sind.

Mokadi

Kategorie:	Teamübung
Lernziele:	Führung, Kultur, Kommunikation, Perspektivenwechsel
Teilnehmerzahl:	12–21 Personen
Zeit:	60–90 Minuten
Ort:	3 Räume mit Tischen und Stühlen
Material:	Mikadospiele in unterschiedlichen Größen, Augenbinden

Ablauf und Regeln

Es werden drei Teams zu jeweils vier bis sieben Personen gebildet. Es erfolgt aber dann zunächst eine gemeinsame Einführung für alle drei Teams in einem der drei für die Teamübung notwendigen Räume. Als Ziel wird den Teams angegeben, dass sie möglichst viele Punkte als Team erreichen sollen, jedenfalls mehr als die anderen Teams. Damit wird eine scheinbare Konkurrenzsituation aufgebaut, in Wirklichkeit kommt es aber darauf nicht an, da die Bedingungen in den drei Teams zu unterschiedlich für einen Vergleich wären. Dieses Ziel ist jedoch scheinbar »logisch« und verhindert, dass die Teilnehmer Verdacht schöpfen, was die wahren Spielziele angeht. Es wird weiter erklärt, dass die Spielregeln im Prinzip wie das bekannte Spiel Mikado funktionieren, es aber verschiedene Rollen, Zusatzregeln gibt und in Teams gespielt wird.

Dann werden die verschiedenen Rollen erklärt. In jedem Team muss ein Teamleiter bestimmt werden. Der Teamleiter sieht als Einziger, er kann verbale Kommandos geben, er darf jedoch (außer beim Wurf) die Stäbe nicht berühren und er darf die Mitarbeiter nicht anfassen. Zwei bis fünf Personen bilden das Mitarbeiterteam. Teammitarbeiter haben im Spiel die Augen verbunden, dürfen im Spiel nicht sprechen und heben reihum Stäbe auf. Zusätzlich existiert in jedem Team eine Beobachterrolle. Dieser Beobachter ist eigentlich kein echtes Teammitglied. Der Beobachter spielt nicht mit, sondern beobachtet den Teamprozess, achtet darauf, dass die Spielregeln eingehalten werden und notiert Fehler- und Punktescores. Beobachter dürfen den Teams inhaltlich nicht helfen.

Es gelten die folgenden weiteren Regeln:
– Stäbe müssen beim Wurf senkrecht gehalten werden, dann plötzlich losgelassen werden; den Wurf darf nur eine Person durchführen (das kann auch der Leiter sein).
– Ein schlechter Wurf darf einmal wiederholt werden (aber nicht öfter; ob der Wurf schlecht war, entscheidet der Leiter, da ja nur er den Wurf sieht).
– Es muss versucht werden, möglichst viele Stäbe aufzunehmen, jeder korrekt aufgenommene Mikadostab zählt einen Punkt.
– Während einem laufenden Stabaufnahmeversuch dürfen andere liegende Stäbe nicht berührt oder bewegt werden, sonst muss der Hebeversuch abgebrochen werden und es gibt einen Strafpunkt (die Punk-

te werden vom Beobachter gezählt, der Beobachter ist auch der Schiedsrichter und entscheidet, ob ein anderer Stab berührt oder bewegt wurde).
– Bereits »eroberte« Stäbe dürfen beim Gewinnen weiterer Stäbe zur Hilfe genommen werden.
– Man spielt in jeder Spielrunde, bis alle Stäbe aufgenommen wurden oder bis die Zeit um ist.
– Nach jedem erfolgreichen oder auch misslungenem (bei Stabberührung) Stabaufnahmeversuch kommt ein neuer Mitarbeiter an die Reihe (d. h. ein Mitarbeiter darf erst dann wieder einen Versuch starten, wenn vor ihm alle anderen Teammitglieder an der Reihe waren, sonst gibt es fünf Strafpunkte).
– Außer zwölf Kommandos, die in den Planungsphasen (s. u.) vereinbart werden, und den Namen der Mitspieler darf in den Spielphasen kein Wort gesprochen werden (bei Regelverstoß gibt es zehn Strafpunkte).

Dann wird den Teams der allgemeine Ablauf erklärt. Es wechseln Planungsphasen und Spielphasen einander ab. Die genannten Regeln gelten für die Spielphasen. In den Planungsphasen dürfen alle Teammitglieder die Augen offen haben und ganz normal miteinander sprechen. Die erste Planungsphase dauert zwölf Minuten, die Teams dürfen hier üben und die zwölf Kommandos festlegen. Diese Kommandos müssen beim Beobachter schriftlich abgegeben werden, damit dieser Regelverstöße zählen kann. Ein Kommando besteht aus minimal einem Wort und maximal drei Worten. Nach der ersten Planungsphase beginnt die erste Spielphase von sieben Minuten. Nach jeder Spielphase erfolgt wieder eine neue Planungsphase von fünf Minuten. Jede weitere Spielphase dauert wieder sieben Minuten und jede weitere Planungsphase fünf Minuten. In den Planungsphasen kann optimiert werden, es dürfen auch neue/andere Kommandos festgelegt werden. In den Spielphasen werden Punkte erzielt die immer weiter zusammengerechnet werden (der Beobachter gibt in den Planungsphasen den aktuellen Punktescore bekannt). Als weitere Regel gilt ein absolutes Verbot für die Spieler, den eigenen Raum ohne Erlaubnis zu verlassen.
Erst nach dieser Einführung werden die Teams getrennt. Ein Team Nr. 1 soll sich dann um einen relativ kleinen Tisch herum setzen. Sie erhalten ein Mikadospiel mit dünnen Stäben von 27,5 cm Länge (diese

Abbildung 4: Schematische Darstellung von »Mokadi«

sind bereits geringfügig größer als ein ganz normales Mikadospiel).
Team Nr. 2 soll sich dann um einen relativ großen Tisch (oder aus mehreren kleinen Tischen zusammengestellten Tisch) herum setzen. Sie erhalten ein Mikadospiel mit dickeren Stäben von 50 cm Länge. Das letzte
Team Nr. 3 soll sich auf den Boden setzen (mit geschaffener freier Fläche) und sie erhalten ein Mikadospiel mit dicken Stäben von einem Meter Länge. Dann wird vom Spielleiter der Start der ersten Planungsphase
signalisiert.

Je nach zur Verfügung stehender Zeit wird in der zweiten oder besser
erst in der dritten Spielphase ein Teilnehmerwechsel zwischen den drei
Teams arrangiert. Dabei rotiert ein Mitarbeiter von Team 1 zu Team 3,
von 3 zu 2 und von 2 zu 1. Der Trainer sucht dazu einfach eine Person
aus oder er fragt, wer bereit wäre. Die Teams sollen dazu kurz das Stab-
aufnehmen unterbrechen und die Beobachter können mithelfen, die
blinden Mitarbeiter an ihren neuen Platz zu führen. Es wird in Erinnerung gerufen, dass die Regeln weiterhin strikt eingehalten werden müssen. Natürlich treten hierbei viele interessante Verhaltensweisen und Ver-
unsicherung auf. Die neuen Spieler bleiben ab nun in ihrem neuen
Team, sie dürfen in den Planungsphasen auch von ihrer »Spielkultur«
erzählen, die Teilnehmer erfahren erst durch diese Erzählungen der Neu-
en, dass es verschiedene Mikadospiele in den drei Räumen gibt. Je nach
Teilnehmeranzahl lassen wir meist noch einmal je einen Mitarbeiter von
Team 1 zu 2, von 2 zu 3 und von 3 zu 1 rotieren. In der letzten Spielphase
lassen wir die Spielleiter selbst rotieren, die ihre Kommandos mitnehmen müssen. Die Wechsel erfolgen dabei immer nach der ersten Minute
einer Spielphase und die Zeit, die für den Wechsel verbraucht wird,

kommt noch zur Spielzeit hinzu (so dass tatsächlich insgesamt sieben Minuten echte Spielzeit in jeder Runde zur Verfügung stehen). Nach Beendigung der Spielphase mit dem neuen Spielleiter wird nochmals eine Planungsphase durchgeführt, danach wird die Teamübung aber als beendet erklärt und die Teilnehmer versammeln sich wieder alle in einem Raum für das Debrief.

Besondere Hinweise

Die Mikadospiele in den unterschiedlichen Größen können im gut sortierten Spielwarenhandel erworben werden. Es ist wichtig, dass die Teilnehmer die verschiedenen Mikadospiele nicht schon während des vorangehenden Trainingsprogramms sehen können, das Material muss also versteckt gehalten werden.

Damit die Teilnehmer keinen Verdacht schöpfen, sollten alle drei Räume zunächst gleich vorbereitet werden, das heißt mit Tischen und Stühlen. Erst nach der Trennung der drei Teams in die drei Räume sollte dann bei einem Raum (Team Nr. 3) eine größere freie Fläche geschaffen werden. Es hat sich als hilfreich erwiesen, die Beobachter bereits vor der Übung kurz auf ihre Aufgabe einzustimmen und sie in die »Geheimnisse« (unterschiedliche Stablängen etc.) einzuweihen.

Mögliche Variationen

Durch die Reduktion auf zehn oder acht erlaubte Kommandos kann das Spiel erschwert werden. Eine andere Variante gibt den Teilnehmern schon in der Planungsphase bekannt, dass in der nächsten Spielphase ein Mitarbeiterwechsel stattfinden wird. Dadurch können sie schon für diesen Fall vorplanen, wodurch die Übung etwas leichter wird.

Debrief

Bei dieser Übung ist es insbesondere relevant, die Strategien der Teams zu besprechen, die angewandt wurden, um Stäbe zu gewinnen: »Was war an der Art und Weise, wie ihr das Problem angegangen seid hilfreich oder hinderlich?«, »Welche Strategien gab es?«, »Wurden die Kommandos gut gewählt?« Dabei sollte auch den jeweiligen Planungsphasen Aufmerksamkeit geschenkt werden. Es ist wichtig zu reflektieren, ob und wie Fehler analysiert und welche Verbesserungen umgesetzt wurden.

Dies kann auch auf reale Optimierungsprozesse übertragen werden. Werden zum Beispiel in der realen Arbeitssituation der trainierten Teams systematisch neue Anregungen und Perspektiven gesucht und aufgenommen, etwa durch Information und Analyse oder insbesondere auch durch neue Mitglieder?

Weiter sollte der Moment der Erkenntnis angesprochen werden, als die Teams durch den Wechsel merkten, dass die anderen Teams andere Stäbe haben. Durch die unterschiedlichen Stäbe entwickeln sich natürlich auch die Kommandos und die Arbeitsweisen in den drei Teams gänzlich unterschiedlich. Dies ermöglicht im Debrief den Vergleich mit unterschiedlichen Kulturen (z. B. Abteilungskulturen, Unternehmenskulturen, Teamkulturen usw.) und Regelsystemen herzustellen. Es können typische Themen im Zusammenhang mit interkultureller Kommunikation und kulturell bedingten Missverständnissen, Konflikten, Unsicherheiten und »Sprachlosigkeiten« mit dieser Teamübung verknüpft werden. Dazu sollten jeweils zuerst die Personen zu Wort kommen, die gewechselt sind und dann die jeweiligen alteingesessenen Teammitglieder. Es bietet sich an zu reflektieren, wie man mit neuen Mitgliedern in der Realität am besten umgeht und wie schwer es auch am Arbeitsplatz sein kann, eigene implizite Regeln und Arbeitsprozesse sowie mentale Modelle kommunizierbar zu machen, was auch eine der Herausforderungen für Wissensmanagement darstellt. Hierbei ist wieder die Betrachtung der Planungsphasen von Interesse, um zu diskutieren, ob die neuen Mitarbeiter als Ressource überhaupt ausreichend genutzt wurden, um sich ein Bild von den anderen Teams und den dortigen charakteristischen Abläufen und Gegebenheiten zu machen.

Besonders für die Leitungspersonen ergibt sich durch die neuen Mitarbeiter und am Ende durch ihren eigenen Teamwechsel zugleich auch ein mehrfacher Perspektivenwechsel. Wesentlich ist, dass die Teamleiter ihre intensiven Erfahrungen einbringen können und dass sie gefragt werden, wie sie ihre Rolle erlebt haben: »Wie hast du dich in deiner Rolle mit deiner Verantwortung gefühlt?«, »Wie war es für dich, als du plötzlich einen neuen Mitarbeiter bekommen hast und nicht wusstest, wie du ihn am besten integrieren kannst?« Die Leiter gehen mit ihren neuen Teamarbeitern oftmals sehr unterschiedlich um: Die Reaktionen reichten von hilflosem Auf-der-Seite-Stehenlassen und vollkommener Nicht-

Integration der Neuen bis hin zum bewussten In-Kauf-Nehmen von Strafpunkten, um zum Beispiel zu sagen »Willkommen, ich kümmere mich gleich um dich«. Diese Teamübung eignet sich ganz besonders gut für die Reflexion von typischen Problemstellungen von jungen Führungskräften. Diese sind vielfach verunsichert, wie sie mit neuen Mitarbeitern angemessen umgehen sollen. Gerade auch die Situation, die Führung in einer neuen Abteilung oder einem neuen Team zu übernehmen, ohne die dortigen Personen und die vorherrschenden und eingespielten Abläufe genauer zu kennen (wo die Mitarbeiter in manchen Belangen wesentlich kompetenter sind als die Führungskraft selbst), kann mit dieser Teamübung erlebt und vertieft reflektiert werden. Auch die Defizite junger Leitungspersonen hinsichtlich der Verwirklichung gleichzeitiger Arbeits- und Personenorientierung können aufgegriffen werden. Außerdem stellt das Führungsverhalten (demokratisch, autoritär usw.) in den Planungsphasen ein Thema für das Debrief dar.

Die Beobachter sollten insgesamt zu allen Debrieffragen ihre zentralen Schlussfolgerungen beisteuern. Auch ihre Rolle kann thematisiert werden: »War es schwer für dich, nicht direkt eingreifen und helfen zu dürfen?«

Touch Down

Kategorie:	Teamübung
Lernziele:	Kontinuierliche Verbesserung, Kommunikation, Kooperation, Aufmerksamkeit, Strategieentwicklung, Zielorientierung
Teilnehmeranzahl:	8–30 Personen
Zeit:	20–40 Minuten
Ort:	Raum mit freier Fläche oder im Freien
Material:	Seil, ein Pappteller

Ablauf und Regeln

Zur Vorbereitung muss am Boden ein Seil in Kreisform aufgelegt werden. Der Kreisdurchmesser sollte mindestens zwei Meter betragen. Die Teilnehmeranzahl sollte mindestens acht Personen betragen, besser sind

Abbildung 5: Schematische Darstellung von »Touch Down«

jedoch höhere Personenzahlen (ca. 20) und ein dann entsprechend größerer Kreis von drei bis vier Metern Durchmesser. In den Kreismittelpunkt wird eine kleine Kreisfläche von 20 bis 30 cm Durchmesser gelegt. Hierbei hat sich zum Beispiel ein Pappteller bewährt, der zusätzlich noch mit einem Klebeband am Boden fixiert werden kann, um ein Verrutschen zu verhindern.

Die Teilnehmer werden gebeten, sich um den großen Kreis (direkt außen am Seil stehend) aufzustellen und dabei überall einen annähernd gleichen Abstand zu den beiden Nachbarpersonen einzuhalten. Es wir ihnen mitgeteilt, dass der große Kreis die Spielfläche und der kleine Kreis die Berührungsfläche bildet. Die Aufgabe soll von der gesamten Gruppe möglichst schnell gelöst werden. Die Problemstellung besteht darin, dass jeder Teilnehmer die Berührungsfläche einmal berühren muss. Als zusätzliche Regel gilt, dass jede Person direkt an ihrem Standort in die Spielfläche hineinkommen muss und an der genau gegenüberliegenden Stelle des Kreises die Spielfläche wieder verlassen muss, um dann dort stehen zu bleiben. Weiter dürfen sich zwar verschiedene Personen gleichzeitig in der Spielfläche aufhalten, sie dürfen sich aber in keiner Weise berühren. Auch die Berührungsfläche darf nicht gleichzeitig von mehreren Personen berührt werden. Bei einem Regelverstoß müssen alle Personen wieder an ihre ursprüngliche Startposition zurückkehren und neu beginnen.

Den Teilnehmern wird erklärt, dass nach einem Startsignal eine Gesamtspieldauer von … Minuten existiert (wir geben meist zehn Minuten, in sehr großen Gruppen 15 Minuten). Innerhalb dieser Zeit dürfen sie bis zu … Versuche absolvieren (wir geben meist drei bis fünf Versuche an). Die Zeit für einen Versuch beginnt zu laufen, wenn die erste Person die Spielfläche betritt und sie endet, wenn die letzte Person die Spielfläche wieder verlässt. Der Trainer stoppt jeweils die Zeiten und gibt diese bekannt. Es sind dabei innerhalb der Regeln alle erdenklichen Wege von Personen in der Spielfläche denkbar, der Trainer soll aber keine Lösungsversuche vorzeigen, da dies die Gruppe selbstständig planen soll. Nach dem Erklären aller Regeln gibt der Trainer das Startsignal.

Besondere Hinweise

Wenn die Versuche schneller werden, so erhöht sich die Gefahr von Unfällen durch Zusammenprallen einzelner Teilnehmer. Es sollte daher zusätzlich der Sicherheitsaspekt kurz vor dem Start der Übung angesprochen werden. Wenn der Trainer den Eindruck gewinnt, dass die Gruppe ein zu hohes Risiko eingeht, dann sollte die Übung unter- oder abgebrochen werden (dies ist jedoch extrem selten notwendig!).

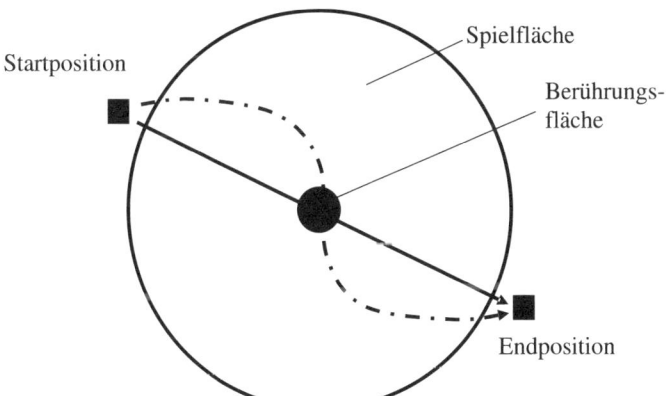

Abbildung 6: Schematische Darstellung von zwei möglichen und zulässigen Wegen einer Person in der Spielfläche

Mögliche Variationen

Der Schwierigkeitsgrad der Übung kann durch die Größe der kleinen Berührungsfläche variiert werden. Durch andere Zeitlimits und Versuchsanzahlen kann mehr oder weniger Druck erzeugt werden. Wir haben die Übung auch schon als Konkurrenzsituation eingesetzt. Hierbei spielen mehrere Teams gegeneinander. Dabei können verschiedene Punktesysteme herangezogen werden (z. B. basierend auf Zeitaspekten und/oder Fehleranzahl), das Team mit dem besten Punktescore gewinnt.

Debrief

Allgemein eignet sich diese Teamübung sehr gut dazu, Themen wie gegenseitige Aufmerksamkeit, Koordination und Kommunikation näher zu beleuchten. Bei der Übung können sich verschiedene Lösungsansätze entwickeln und es existieren bei jeder Lösungsstrategie wiederum einige Optimierungsmöglichkeiten. Es sollte daher diskutiert werden, welche weiteren Verbesserungen und Strategieentwicklungen umgesetzt wurden: »Welche Strategien und Lösungsansätze wurden gefunden und erörtert?«, »Mit welchen Argumenten wurden einige Ideen verworfen und andere angenommen?«, »Warum habt ihr gerade diese Variante ausprobiert? – Waren alle damit einverstanden? – Wie seid ihr zu der Entscheidung für eure Variante(n) gekommen, durch demokratische Abstimmung, ausdiskutierten Konsens oder durch die Dominanz Einzelner?«, »Wurde die erste Lösungsstrategie beibehalten und optimiert oder habt ihr weitere, ganz andere Strategien ausprobiert? – Wie? – Warum?«, »Wurden die Ideen aller gleich wertgeschätzt?« Häufig wird eine Strategie beibehalten und optimiert, andere alternative Lösungsideen werden – ohne sie in der Erfahrung getestet zu haben – mit (falschen) Argumenten abgelehnt oder durch Dominanz Einzelner unterdrückt. Es kann im Debrief dann aufgegriffen werden, welche Vor- und Nachteile es hat, viele verschiedene Ansätze auszuprobieren oder nur eine Strategie zu optimieren. Insgesamt kann das Thema kontinuierliche Verbesserung (KVP) und Benchmarking auf dieser Übung aufbauend vertieft reflektiert werden und auch auf die Praxis realer Teamarbeit transferiert werden.

Eventuell bietet es sich auch an, über die Wirkung von rigiden Handlungsmustern zu diskutieren. Die einmal gewählte Strategie wirkt als Handlungsmuster oft so stark, dass gar keine anderen Lösungsideen für weitere sinnvolle Handlungsstrategien aufkommen. Man bleibt einfach beim gewohnten, scheinbar erfolgreichen Lösungsansatz, ohne diesen in Frage zu stellen.

Da die mitunter recht große Gruppe (z. B. 20 Personen) hier als Gesamtheit das Problem lösen muss, ist es besonders schwer, dass sich alle aktiv mit Redebeiträgen beteiligen können. Es kann reflektiert werden, welche Möglichkeiten für Großgruppen bestehen, das kreative Potenzial aller Mitglieder auszuschöpfen und alle zu beteiligen.

Mit dieser Teamübung kann auch die Frage nach den Zielsetzungen und der Zielorientierung der Gruppe verbunden werden. Hat sich das Team überhaupt herausfordernde und zugleich realistische Ziele gesetzt? (z. B. Zeitvorgabe für den nächsten Versuch, Fehlerlimit pro Versuch usw.). Wie wirkte sich das Vorhandensein oder Fehlen von konkreten Zielen aus?

Bei der Übung schließen sich Geschwindigkeit und Sorgfalt ab einem gewissen Punkt aus. Es bietet sich häufig an, über unterschiedliche Risikobereitschaften der Teilnehmer zu reflektieren, die in der Übung – wie auch in der realen Teamarbeit am Arbeitsplatz – auch zu Konflikten führen können. Konfliktpotenzial liegt zusätzlich in unterschiedlichen Lernpräferenzen (schnelle Aktionen, um durch Versuch und Irrtum zu lernen vs. genaue Planung, bevor man einen Versuch startet). Es kann dann diskutiert werden, wo und wie in der Zusammenarbeit des Teams in der Realität ähnliche Konflikte entstehen und wie mit ihnen konstruktiv umgegangen werden kann. Ein anderes Reflexionsthema bietet die Art und Weise, wie mit möglichen Fehlern von Personen umgegangen wird. Kommen Schuldzuweisungen und Vorwürfe gegen Einzelpersonen vor oder wird ein Fehler sachlich analysiert und gemeinsam Verantwortung für die Verbesserung der Lösungsstrategie übernommen?

Lost in Shanghai

Kategorie:	Teamübung
Lernziele:	Bewusstsein über eigenes Kommunikations-verhalten und seine Wirkungen, Bedeutung »innerer Landkarten« für die Kommunikation, Kommunikationsschwierigkeiten, ihre Ursachen und mögliche Lösungen, Bedeutung von Meta-kommunikation
Teilnehmeranzahl:	6–30 Personen
Zeit:	60–75 Minuten
Ort:	großer Raum, in dem sich Dreiergruppen verteilen können
Material:	»Stadtpläne«

Ablauf und Regeln

Zunächst teilt man die Gruppe in drei gleich große Teilgruppen, die Geschäftsreisenden A, die Geschäftsreisenden B und die Beobachter. Nachdem die Personen ihre Rollen kennen, erklärt man die Ausgangssituation:»A ist mit einem Kollegen (B) auf Geschäftsreise in Shanghai. Sie haben sich ein Auto gemietet, weil sie auch in der Umgebung Kunden besuchen mussten. Sie haben getrennt zwei Kunden besucht. A muss noch seine Sachen aus dem Hotel abholen, dann noch einen weiteren Kunden besuchen, den Wagen zurückbringen, dann geht's mit dem Taxi wieder zum Flughafen, wo er sich mit B treffen wird. Allerdings bemerkt A, dass er zwar das Auto, aber keinen lesbaren Stadtplan besitzt. Er weiß nicht, wo er sich befindet, wo das Hotel ist, wo der weitere Kunde ist und wohin er das Auto zurückbringen muss. In einem Lokal ruft er also B an, der auch einen Stadtplan in der Tasche hat, und lässt sich seinen Standort auf dem Stadtplan, den Weg zum Hotel, zum Kunden und dann zur Autovermietung beschreiben. Glücklicherweise besitzt B einen Stadtplan mit Straßenverzeichnis und kann daher die wesentlichen Punkte leicht finden.«

Je eine Person A und B suchen sich nun mit ihrem Beobachter einen Platz im Raum. A und B setzen sich Rücken an Rücken zueinander, um zu symbolisieren, dass sie füreinander nicht sichtbar sind (Telefongespräch). Weiterhin erklärt der Spielleiter, dass nun A und B den

Stadtplan erhalten werden, einer davon (A) jedoch nicht beschriftet ist (»der unleserliche Stadtplan«). Man bittet die Spieler, die Stadtpläne nicht herzuzeigen, weil es nicht im Sinne der Übung ist. Erst dann gibt man die Stadtpläne aus. Dabei muss man sicherstellen, dass A und B die Pläne des jeweils anderen nicht sehen können – sie sind nämlich seiten- und spiegelverkehrt. Aufgabe des Spielers A ist es, den richtigen Weg und die Ziele in seinem nicht beschrifteten Stadtplan einzuzeichnen.

Eine Spielregel ist dabei, dass die beiden Spieler den Trainer rufen müssen, wenn sie glauben, dass A den richtigen Weg eingezeichnet und alle Orte gefunden hat. A und B sollten nicht miteinander sprechen, bevor sie wissen, dass der Weg und die Zielorte richtig sind. Wenn das nicht der Fall ist, geht das Spiel nämlich weiter. Diese Regel ist wichtig, weil viele Gruppen relativ rasch glauben, die Ziele gefunden zu haben. Die Konfrontation mit der falschen Lösung und der Umgang damit sowie das Von-vorne-beginnen-Müssen gehören aber zu den Lernerfahrungen dieser Übung.

Die Beobachter erhalten den Auftrag, still daneben zu sitzen, zu beobachten und Notizen zu machen, aber sich nicht ins Geschehen einzumischen und auch keine Hinweise zu geben.

Besondere Hinweise

Erfahrungsgemäß brauchen die Gruppen unterschiedlich lange, um zu einer Lösung zu kommen. Wir brechen die Übung ab, wenn etwa die Hälfte der Gruppen ans Ziel gekommen ist und bei den anderen wenig Aussicht besteht, dass sie innerhalb der nächsten Zeit fertig werden. Wir ziehen diese Variante vor, denn es ist problematisch, wenn am Ende für alle sichtbar wird, dass zum Beispiel nur eine Gruppe das Ziel nicht erreicht hat.

Wir haben diese Übung mit ganz unterschiedlichen Gruppen erprobt. Lehrer haben uns darauf hingewiesen, dass es für jüngere Schüler zu schwierig sein könnte, das Prinzip der Spiegelung zu entdecken. Hier genügt es eventuell, einen Plan umzudrehen. Bei vielen Übungspaaren treten Phasen der Frustration auf, wenn sie über lange Zeit der Lösung nicht näher kommen. Ein gewisses Ausmaß an Frustration gehört mit zum Spiel, manchmal ist es aber hilfreich, darauf hinzuweisen, dass man die Pläne abgleichen könnte.

Mögliche Variationen

In kleineren Gruppen ist es denkbar, die Zahl der Beobachter zu reduzieren oder die Beobachterrolle nicht zu besetzen. Allerdings geht durch den Wegfall der Außenperspektive in der Reflexion Qualität verloren.

Debrief

Wir arbeiten diese Übung immer in mehreren Stufen auf, beispielsweise auf der Ebene der Einzelperson, der Dreiergruppe, in der Gruppe aller A und B und der Beobachter. Natürlich kann die Übung auch im Plenum aufgearbeitet werden, aber es gehen dadurch aus unserer Sicht wertvolle Erkenntnisse in und aus den einzelnen Gruppen verloren.

Diese Übung ruft bei den Teilnehmern sehr starke Emotionen hervor. Freude und Stolz, aber auch Frustration und Ärger über den Misserfolg können sichtbar werden. Der erste Schritt greift stets die entstandenen Gefühle auf. Wir haben in Band 1 einige Methoden vorgestellt, die sich gut dafür eignen (z. B. Gefühlsstern).

In einem weiteren Schritt können das Geschehen in den Kleingruppen (alle A, alle B, alle Beobachter) und die Erkenntnisse daraus besprochen werden. Folgende Fragen könnten hier unterstützend sein: »Was ist in eurer Gruppe passiert?«, »Welches Verhalten der anderen Person(en) hast du als hilfreich erlebt?«, »Welches Verhalten war weniger hilfreich?«, »Welche Strategien habt ihr angewandt?«, »Wie habt ihr die Lösung entdeckt?«

Diese Übung kann sehr intensive Einsichten in das eigene Kommunikationsverhalten liefern. Sie kann zeigen, dass wir oft voraussetzen, unser Gegenüber hätte die gleichen inneren Bilder wie wir. Wir erachten es nicht mehr für nötig, uns darüber zu verständigen. In dieser Übung kann erlebt werden, wie wichtig und zugleich schwierig es sein kann, im wahrsten Sinne des Wortes einen gemeinsamen Standort zu bestimmen. Manche Teilnehmer überprüfen zwar die Koordinaten und die Buchstabenbezeichnungen, die jedoch eine Scheinsicherheit vermitteln. In Wirklichkeit gäbe es in den Plänen einige sehr markante Anhaltspunkte, die eine gute Orientierung sein könnten.

Wenn wir nicht mehr weiterkommen, ärgern wir uns möglicherweise darüber, dass der andere »nichts kapiert« oder einen Fehler gemacht hat. Wir gehen stillschweigend davon aus, dass wir das richtige Bild im Kopf haben und versuchen immer wieder (mit anderen Worten) unser Bild dem Gegenüber verständlich zu machen.

Die Teilnehmer erleben immer wieder, dass Kommunikation nur dann gelingt, wenn beide ihren Teil beitragen, indem sie rückfragen, bestätigen, wiederholen und so das eigene Bild (mentale Modell) zur Verfügung stellen. Diese wechselseitige Kommunikation ist dabei, wie ebenfalls manche Gruppen zeigen, nicht unbedingt selbstverständlich. Gerade die Personen mit dem unleserlichen Stadtplan verfallen manchmal in eine recht passive Haltung, da sie meinen, der andere sei für die aktive Führung zuständig, der andere soll »einfach sagen, wo es langgeht« und er selbst hätte »nur zu folgen«.

Interessant ist vielfach auch die Reflexion zum Thema Ziele und Wege zur Zielerreichung. Die Punkte am Stadtplan markieren Teilziele in einem Arbeitsprozess. Meistens werden in der Übung aber nicht nur die Ziele selbst er- und geklärt, sondern es wird bis ins kleinste Detail der Weg beschrieben (hier: Straßen, die abzufahren sind). Es kann diskutiert werden, ob es im Spiel und auch in der Realität nicht unter Umständen in Führungssituationen angemessener wäre, zwar die Ziele zu klären (hier: die vier Orte am Stadtplan gemeinsam ausfindig zu machen), die Wege zur Zielerreichung aber in der eigenen freien Verantwortung des Ausführenden zu belassen (hier: wenn Einigkeit über die vier Ziele besteht, dann kann der Kollege A »seinen« Weg im Grunde auch vollkommen selbstbestimmt aussuchen und wird so wesentlich schneller und motivierter ans Ziel gelangen).

Auch die Bedeutung neuer Strategien bei Misserfolgen könnte angesprochen werden. Man könnte beispielsweise darüber diskutieren, welches Kommunikationsverhalten zur Weiterarbeit ermutigt oder welches sie gehemmt hat. Die Übung kann auch zeigen, dass wir aus verfahrenen Situationen häufig in ein ungehaltenes oder verzweifeltes Wiedererklären verfallen (»Mehr-vom-Gleichen-Strategie«). Stattdessen wäre es produktiver, sich über die angewandten Strategien und die Kommunikation an sich austauschen (Metakommunikation). Nicht nur Zweifel am Partner und dessen Fähigkeiten und Schuldzuweisungen treten bei Missverständnissen auf, sondern auch Selbstzweifel, die sich ebenfalls wieder auf die Kommunikation auswirken. So kann es zu Eskalation im Sinne gegenseitiger Vorwürfe kommen, aber auch dazu, nicht mehr soviel rückzufragen, da man die vermeintliche eigene Unfähigkeit nicht zur Schau stellen möchte.

Das Verhaftetsein im »Mehr-vom-Gleichen« kann sich auch darin zeigen, dass die Teilnehmer oft so beschäftigt sind, dass sie nicht merken,
dass die Gruppen rundherum längst erfolgreiche Strategien angewandt
haben. Für Beobachter ist es unübersehbar, wenn in den Gruppen die
Pläne in die Luft gehalten und gedreht werden, aber die benachbarten
Gruppen merken dies häufig gar nicht, weil sie so in ihr Tun vertieft sind.

Bei dieser Übung sollten im Debrief die Beobachter auf alle Fälle auch
zu ihrer eigenen Rolle zu Wort kommen. Denn neben interessanten Beobachtungen aus den Kleingruppen zeigt sich immer wieder, wie schwer
es den Beobachtern fällt, sich nicht einzumischen und welch starke Gefühle auch bei ihnen entstehen.

Stadtplan von Person A (der unleserliche Stadtplan)

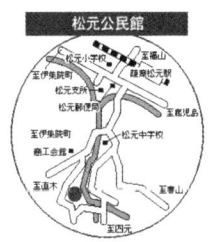

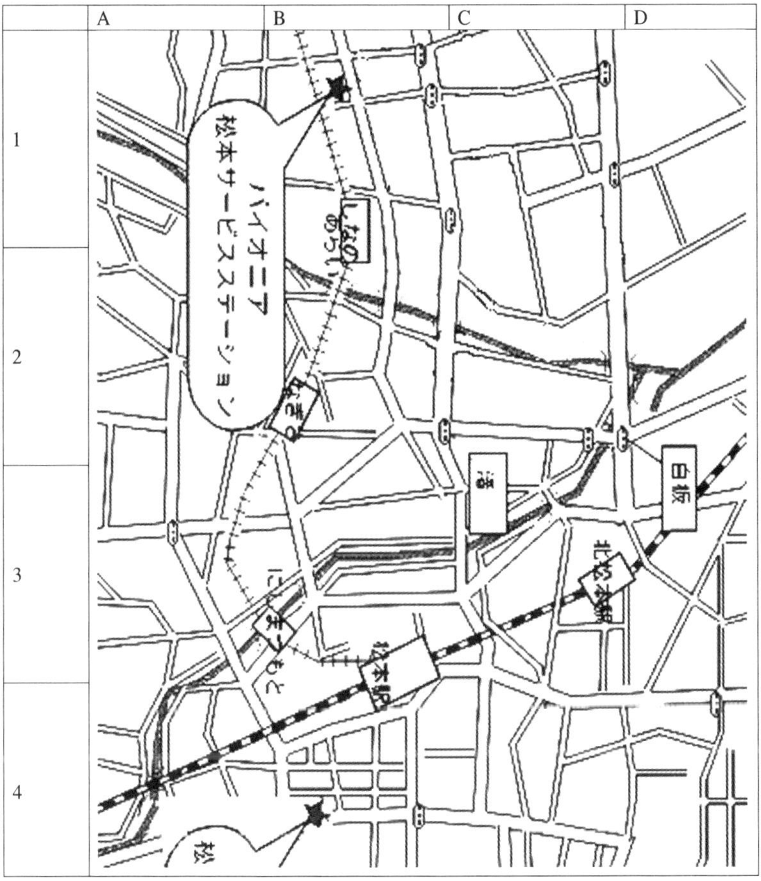

Stadtplan von Person B (mit eingezeichneten Zielorten)

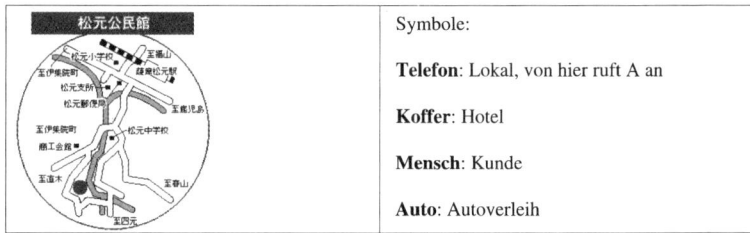

Symbole:

Telefon: Lokal, von hier ruft A an

Koffer: Hotel

Mensch: Kunde

Auto: Autoverleih

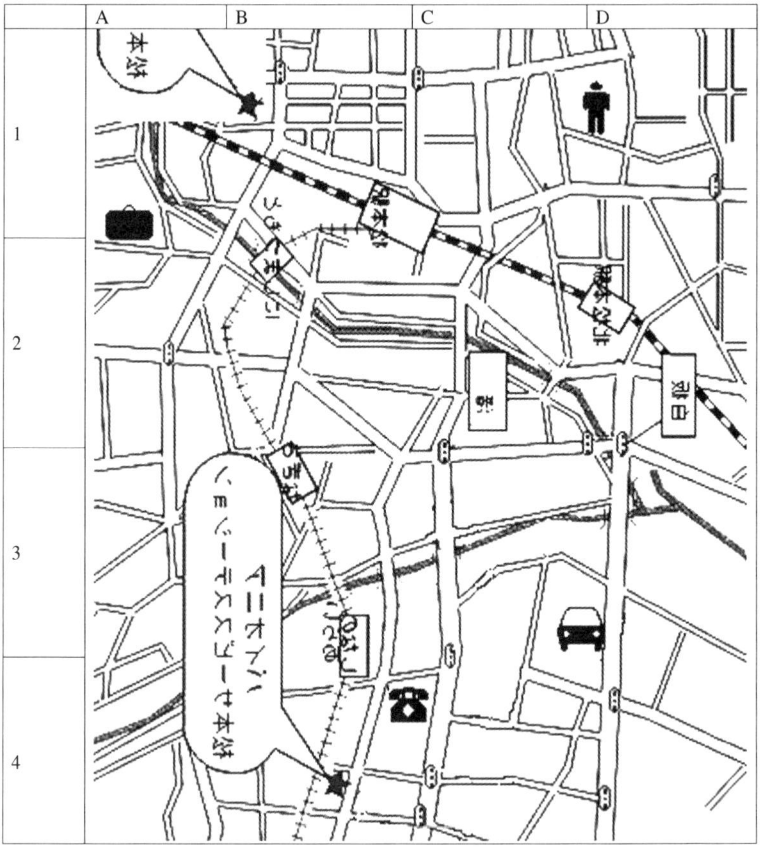

Menschliche Kamera

Kategorie:	Teamübung
Lernziele:	Vertrauen, Aufmerksamkeit, Kommunikation
Teilnehmeranzahl:	4–40 Personen
Zeit:	30–60 Minuten
Ort:	großer Raum, Gebäude oder im Freien
Material:	keines (eventuell Augenbinden)

Ablauf und Regeln

Die Teilnehmer werden als Erstes gebeten, Paare zu bilden. Jeweils ein Partner soll die Augen schließen und wird nun von dem sehenden Partner im Raum oder in einem Gebäude oder im Freien herumgelotst. Der Sehende soll seinen blinden Partner jedoch nicht anfassen, sondern nur durch Kommunikation leiten. Zusätzlich soll der Sehende mehrere Male den Blinden auffordern, kurz die Augen zu öffnen um etwas Bestimmtes anzusehen, das der Sehende ausgesucht hat (ca. für drei bis vier Sekunden). Im übertragenen Sinn ist der Blinde eine Art menschliche Kamera und der Sehende macht einige »Photos« auf dem Weg. Wir geben meist fünf bis sieben »Photos« vor. Der Blinde soll versuchen, sich die Photos zu merken. Wir geben für eine Wegstrecke, die die Paare zurücklegen, meist eine Zeit von ungefähr acht Minuten vor. Danach sollen sich die Paare kurz für fünf Minuten austauschen und dabei soll der Blinde die erinnerten Photos nennen. Es können auch kurz Schlussfolgerungen aus der bisherigen gemeinsamen Erfahrung besprochen werden, denn danach sollen die Paare die Rolle tauschen. Nun ist der andere Partner blind und der Blinde übernimmt den Part des Sehenden. Diese zweite Runde läuft ansonsten genauso ab wie die erste. Natürlich soll der zweite Sehende eine andere Wegstrecke und andere Photos aussuchen. Auch am Ende der zweiten Runde sollen sich die Partner wieder kurz über das Erfahrene austauschen und der zweite Blinde soll die erinnerten Photos beschreiben.

Besondere Hinweise

Augenbinden können den Blinden helfen, die Augen geschlossen zu halten.

Mögliche Variationen

Durch längere Wegzeiten kann die Übung intensiver werden, allerdings bei manchen Teilnehmern auch verstärkt unangenehme Gefühle aufgrund der langen blinden Zeitdauer wecken.

Debrief

Im Debrief sollte besprochen werden, wie sich die Blinden und die Sehenden in ihrer jeweiligen Rolle gefühlt haben, welche Erfahrungen sie gemacht haben, was leicht und schwer für sie war. Was haben die Blinden außer den Photos wahrgenommen, was ausgeblendet? Haben sie die Dinge der Photos intensiver erlebt, als wenn sie sich diese Dinge außerhalb der Übung angesehen hätten? Welche der beiden Rollen war herausfordernder, verantwortungsvoller, lustiger?

Ein Kernthema für die Reflexion dieser Teamübung ist Vertrauen, Aufmerksamkeit und Kommunikation: Hatten die Paare ausreichend Vertrauen zueinander? Welche Strategien und Verhaltensweisen unterstützten oder erschwerten Vertrauen? Wie kann ein Gefühl der Sicherheit vermittelt werden? Welches Kommunikationsverhalten unterstützt oder erschwert die Bewältigung der Aufgabe aus beiden Perspektiven? Wie kann man diese Erkenntnisse auf reale Teamarbeit übertragen?

Ein anderes sich anbietendes Thema für die Diskussion ist die individuelle Risikobereitschaft der Teilnehmer. Es kann auch aufgearbeitet werden, ob sich die Teilnehmer überhaupt darüber ausgetauscht und sich aufeinander abgestimmt haben, welche Bedürfnisse und Ziele die jeweiligen Blinden in die Übung mitbringen, was diese sich wünschen oder nicht wünschen (z. B. »bitte keine Treppen gehen«), oder ob sie tatsächlich wie ein lebloses Ding (eine Kamera) rein für die Ziele des Sehenden instrumentalisiert wurden. Auch in Bezug auf die Auswahl der Photos kann hinterfragt werden, ob der Leitende seinen Blinden eher zu Dingen geführt hat, die er selbst interessant findet (also eher auf sich selbst fokussiert war), oder ob er sich in die Perspektive des anderen eingefühlt hat, um Motive auszusuchen, die dem Blinden gefallen könnten. Um in der Sprache der Kamerametapher zu bleiben: Welche Motive motivieren im wahrsten Sinne des Wortes, was lösen sie aus, welche inneren Bilder werden damit erzeugt und wo liegt bei den Menschen der Fokus und die Perspektive? Dieses Thema kann auch sinnvoll auf die Beziehungsgestaltung der Teamarbeit und den Informationsaustausch am Arbeitsplatz übertragen werden (insbesondere auf die Beziehung zwischen Führungsperson und Mitarbeiter). Hier schließt sich auch wieder der Kreis zum Thema Vertrauen: Wie müssen Beziehungen, Informationsprozesse, Feedback und (riskante) Entscheidungen gestaltet werden, um zum Aufbau von gegenseitigem Vertrauen beizutragen?

Vertrauensfall

Kategorie:	Teamübung
Lernziele:	Vertrauen, Kommunikation, Selbsterfahrung in der Gruppe
Teilnehmeranzahl:	7–13 Personen
Zeit:	60–120 Minuten
Ort:	Raum mit hohem Tisch
Material:	keines

Ablauf und Regeln

Im Folgenden stellen wir eigentlich drei verschiedene Vertrauensfall-Übungen vor. Wir haben jedoch gute Erfahrungen gemacht, diese in einer Sequenz durchzuführen, da die ersten beiden Übungen als Vorbereitung auf die dritte Übung dienen. Aus Sicherheitsgründen und auch um den Teilnehmern die Angst zu nehmen und ein Grundvertrauen aufzubauen, würden wir die dritte Übung niemals ohne eine Vorbereitung mit einer der beiden (oder besser beiden) ersten Übungen machen. In allen drei Übungen geht es darum, dass sich Personen fallen lassen und sie von anderen Personen aufgefangen werden. Wie bei allen Übungen besteht auch hier das Prinzip der freiwilligen Teilnahme, nur dass es hier nochmals betont werden sollte. Personen müssen sich auch nicht rechtfertigen, wenn sie sich nicht fallen lassen wollen.

Wichtige Sicherheitshinweise für alle Teilübungen

Die fallenden Personen sollen rutschfeste Schuhe tragen oder barfuß sein (z. B. keine Socken oder Stöckelschuhe). Alle Personen sollten alles aus ihren Hosen- und Jackentaschen nehmen, Schmuck und Uhren entfernen, die Fallenden sollen zusätzlich jeweils auch ihre Brillen ablegen.

Der Fallende soll die Arme vor der Brust kreuzen (die linke Hand liegt auf dem rechten Oberarm auf und die rechte Hand liegt auf dem linken Oberarm auf). Der Fallende soll mit etwas gespannter und steifer Körperhaltung fallen (also kein Durchhängen, keine Abwinkelungen von Hüfte oder Knien).

Bei jeder der drei Übungen sollte der Trainer die Übung vorzeigen, in dem er die erste fallende Person ist. Man kann bereits vor den Übungen besprechen, welche Grundvoraussetzungen für die Sicherheit und das Vertrauen notwendig sind, zum Beispiel keine Nebengespräche, Aufmerksamkeit und Konzentration, Ernsthaftigkeit usw.

Es hat sich auch als sehr hilfreich erwiesen, eine feste verbale Sequenz von Fragen und Antworten einzuführen, die jeder Fallende und die Fänger durchführen:

Fallender: »Seid ihr bereit?«
Fänger: »Wir sind bereit!«
Fallender: »Ich falle.«

Abbildung 7: Schematische Darstellung von »Vertrauenspendel«

Übung 1 – Vertrauenspendel

Es werden Dreiergruppen gebildet. Die drei Personen stehen in einer Reihe. Die Person in der Mitte lässt sich vor- und zurückfallen wie ein Pendel. Die beiden auffangenden Partner stehen in geringem Abstand vor und hinter der Person in der Mitte und dieser zugewandt (der Abstand beträgt jeweils etwas weniger als die ausgestreckte Armlänge der Fänger). Die auffangenden Personen haben die Arme leicht angewinkelt von sich gestreckt (siehe Abbildung 7), um die fallende Person sanft in der Höhe des Rückens bzw. Brust aufzufangen und ebenso sanft in die jeweils andere Richtung zu stoßen. Die fallende Person sollte dabei nicht zu weit nach vorne oder hinten kippen (ca. 10 bis 20 Grad aus der Senkrechten oder ca. 30 cm nach vorne und hinten fallen). Die Person in der Mitte macht mehrere solcher Pendel-Fallbewegungen. Die drei Teilnehmer wechseln sich dann ab, so dass jeder einmal die fallende Person ist.

Abbildung 8: Schematische Darstellung von »Vertrauenskreis«

Übung 2 – Vertrauenskreis

Hier wird das Vertrauenspendel in einen Kreis übergeführt (der selbe Abstand und die selbe Haltung, nur dass jetzt die Auffangenden im Kreis um den Fallenden stehen). Mindestens 6 Personen stehen Schulter an Schulter in einem Kreis mit einer weiteren Person in der Mitte des Personenkreises. Besser sind jedoch acht bis zehn Personen für den Personenkreis. Die Person in der Mitte lässt sich dann in eine beliebige Richtung fallen und wird in der Folge sanft in verschiedenste Richtungen gestoßen und fällt dabei vor, zurück und seitwärts im Kreis herum. Die Fallenden in der Mitte wechseln nach einiger Zeit mit anderen Personen, so dass jeder, der will, die Gelegenheit hat, in der Mitte zu sein.

Abbildung 9: Schematische Darstellung von »Hoher Vertrauensfall«

Übung 3 – Hoher Vertrauensfall

Einer der Teilnehmer, der sich fallen lassen will, soll sich auf einen Tisch (Theke, Mauer etc.) stellen, um sich rückwärts (vorwärts birgt ein Verletzungsrisiko) in die Arme der Gruppe fallen zu lassen. Der Tisch sollte dabei ungefähr 1,2 Meter hoch sein. Es sollten mindestens sechs und besser zehn bis zwölf Teilnehmer als Fänger fungieren. Die Fänger bilden zwei Reihen, mit Gesichtern zueinander, Hände ausgestreckt, Handflächen nach oben, Arme abwechselnd ineinander verzahnt wie bei einem Reißverschluss, um einen sicheren Auffangplatz zu bilden (siehe Abbildung 9). Der Fallende soll direkt an der Tischkante stehen, so dass er direkt in die Arme der Fänger fällt. Der Abstand der Fängerreihe zur fallenden Person darf nicht zu groß sein. Einerseits muss der Kopf des Fallenden noch sicher aufgefangen werden, andererseits mindestens die ganze Körperlänge des Fallenden bis zum Knie (und am Besten überhaupt die gesamte Länge!). Wenn nur wenige Personen auffangen (z. B. sechs Personen – d. h. jeweils nur drei und drei gegenüber) und die fallende Person recht groß ist, so darf dieser den Fall nicht machen.

Der Trainer sollte immer genau darauf achten, dass die Sicherheitshinweise (s. o.) genau eingehalten werden. Insbesondere bei entstehendem Enthusiasmus lässt die Aufmerksamkeit der Teilnehmer manchmal etwas nach, dann muss gegebenenfalls wieder auf die Verantwortung der Fänger hingewiesen werden. Jeder Teilnehmer, der will, sollte die Gelegenheit bekommen, Fallender zu sein. Ist eine Person gefallen, so sollte sie danach bei einer anderen fallenden Person dessen Platz in der Fängerreihe einnehmen. Es ist sinnvoll, die Fänger im Lauf der Übung zu bitten, sich an verschiedene Orte der Fangreihe zu stellen, damit sie ein Gefühl dafür haben, einen Kopf, eine Schulter, Rücken und andere Teile des Körpers aufzufangen.

Debrief

Einen Vertrauensfall zu machen, bedeutet physisch und noch mehr psychisch etwas zu riskieren und seine Sicherheit den Mitgliedern anzuvertrauen. Es ist wichtig, die Gefühle der Fallenden und der Fänger aufzuarbeiten. Dabei hat es sich aus unserer Erfahrung bewährt, schon nach jeder der drei vorgestellten Teilübungen ein Zwischendebrief einzulegen und darüber hinaus beim hohen Vertrauensfall nach der ersten Person der Gruppe (denn die erste fallende Person sollte ja der Trainer selbst sein) den Fallenden und die Gruppe zu fragen, ob alles in Ordnung war und welche Gefühle entstanden sind. Mögliche Fragen sind für das Zwischen- oder Enddebrief: »Wie war es für dich, dich fallen zu lassen?«, »Wie war es für dich, Fänger zu sein?«, »Wie nehmt ihr das Ausmaß an Vertrauen in der Gruppe wahr?«, »Wie kommuniziert(e) die Gruppe miteinander?«, »Wie kann die Sicherheit noch erhöht und das Vertrauen noch erleichtert werden?«, »Was müss(t)en wir als Gruppe machen, wenn einer keine guten Erfahrungen bei seinem Fall gemacht hat?«

Es bietet sich auch an, generell über den Aufbau von Vertrauen und das offene Zeigen von Gefühlen im Team zu sprechen. Was veranlasst Personen, sich sicher oder unsicher zu fühlen, Vertrauen zu haben, Angst oder auch Freude zu zeigen, Bedenken auszusprechen, Sorgen mit anderen zu teilen? Wie zeigt oder gibt die Gruppe jedem Einzelnen angemessene Unterstützung? Die Erfahrung aus dem Vertrauensfall sollte auch in weiterer Reflexion auf die Arbeitssituation von Teams übertragen werden. Es sollte überlegt werden, wie das in der Übung entstandene Vertrauen und auch Wir-Gefühl im Arbeitsalltag erhalten werden kann.

Sabotage

Kategorie:	Teamübung
Lernziele:	Einfluss von Vertrauen und Misstrauen in Gruppen erfahrbar machen, Zusammenhang von Vertrauen (Misstrauen) und Leistung bzw. Produktivität bewusst machen, Umgang mit Sabotage in Teams
Teilnehmeranzahl:	16–40 Personen
Zeit:	30–45 Minuten
Ort:	Raum mit Tischen (»Tischinseln«) und Stühlen
Material:	8–16 handelsübliche Kartenspiele, Rollenbeschreibungen

Ablauf und Regeln

Den Spielern wird zu Beginn erklärt, dass es in dem folgenden Spiel darum geht, in mehreren Teams, die zueinander in Konkurrenz stehen, Kartenstapel zu ordnen, wobei das Team mit den meisten korrekt geordneten Kartenstapeln am Ende gewinnt.

Es werden mehrere (mindestens aber vier) gleich große Teams zu vier bis fünf Personen gebildet. Jedes Team hat einen eigenen Tisch und die Teammitglieder sitzen im Kreis um ihren Tisch. Jedes Team besteht aus mehreren (drei bis vier) Arbeitern und jeweils einem Kunden. Die Rollenkarten, die auf den folgenden Seiten abgedruckt sind, werden ausgeschnitten, gemischt und in jedem Team verteilt. Jeder Kunde erhält für »sein« Arbeitsteam zwei Stapel gemischter Karten (es eignen sich dafür handelsübliche Spielkarten), die Joker werden jedoch vorher entfernt und sind nicht Teil des Spiels.

Am Spielbeginn übergibt der Kunde einen gemischten Stapel an das Arbeitsteam. Aufgabe im Team ist es, den Stapel gemischter Karten möglichst schnell zu ordnen. Die Ordnung ist: Asse, Könige, Damen, Buben, 10er, 9er, 8er, 7er, 6er, 5er, 4er, 3er, 2er. Die Asse sind somit die obersten Karten und die 2er die untersten Karten im geordneten Stapel. Innerhalb der gleichen Kartenart muss die folgende Reihenfolge zusätzlich eingehalten werden: Kreuz, Herz, Pik, Karo. Die oberste Karte ist somit das Kreuz Ass, gefolgt von Herz Ass usw., die letzte Karte ist die Karo 2 im geordneten Stapel.

Der so von den Arbeitern geordnete Stapel (= »Produkt«) wird dem Kunden gegeben. Der Kunde übergibt im Gegenzug sofort den zweiten gemischten Stapel. Während die Arbeiter nun diesen neuen Stapel ordnen, kontrolliert der Kunde das abgegebene Produkt auf die geforderte Ordnung. Bei korrektem Produkt notiert der Kunde einen Wert von 10 Punkten. Für jeden Reihenfolgefehler werden fünf Punkte abgezogen. Der kontrollierte Stapel wird dann vom Kunden jeweils neu gemischt und bei Abgabe eines Produktes (geordneter Stapel) dem Team übergeben, das Team hat also immer einen Stapel gemischter Karten in Bearbeitung. Das produktivste Team, das heißt das Team mit den meisten Punkten, hat am Ende des Spiels gewonnen.

Die Arbeitszeit beträgt zehn Minuten. Vor dem Start der Arbeitszeit hat das Team fünf Minuten Planungszeit, um zu überlegen, wie es am effizientesten und schnellsten die Ordnungstätigkeit durchführen kann.

Spielstart und Ende werden vom Trainer deklariert. Das Gewinnerteam mit den meisten Punkten wird am Ende vom Trainer ausgezeichnet.

Es gibt (durch die Rollenverteilung arrangiert) in einigen Teams bei den Arbeitern einen Saboteur, in anderen nicht. Manche Teams werden nach dem folgenden Schema vor einem tatsächlich vorhandenen Saboteur gewarnt oder absichtlich fälschlich gewarnt (d. h. sie sind gewarnt, obwohl in Wirklichkeit gar kein Saboteur vorhanden ist):

Team	Warnung vor Saboteur	Saboteur im Team
1 (5)	Ja	Ja
2 (6)	Ja	Nein
3 (7)	Nein	Ja
4 (8)	Nein	Nein

Besondere Hinweise

Die Arbeiterteams dürfen nicht wissen, dass die anderen Teams andere Voraussetzungen haben und sie sollten das Verteilungsschema nicht kennen. Es hat sich aber als vorteilhaft herausgestellt, die Kunden nochmals kurz in der Planungszeit der Arbeiterteams oder vor dem Spiel zusammenzuholen und ihnen den Clou mit möglichen Saboteuren zu verraten, sie jedoch zu bitten, unter keinen Umständen in die Arbeit und die Kommunikation der Arbeiter einzugreifen – ohne diese Anweisung kommt es sonst nämlich fallweise zu »gut gemeinten« Eingriffen auf Seiten der Kunden, die aber eben gerade nicht im Sinne des Spiels sind!

Unter Umständen ist hier eine sensible Aufarbeitung der Gefühle aller Beteiligten notwendig, da es für manche Teilnehmer nicht unbedingt angenehm ist, fälschlich als Saboteur bezeichnet zu werden. Der Trainer sollte daher einschätzen, ob diese Übung für die jeweilige Gruppe zumutbar ist (man kann auch Personen, die man in dieser Hinsicht als wenig belastbar einschätzt, in Team 4 geben). Bei Bedenken sollte die Übung nicht verwendet werden, allerdings ist es unserer Erfahrung nach in der Regel kein Problem und durchaus vertretbar, diese Übung einzusetzen, insbesondere wenn sie durch ein gründliches Debrief aufgearbeitet wird.

Mögliche Variationen

Die Übung kann in mehreren Runden (zwei bis drei) gespielt werden. Nach jeder Runde haben die Teams nochmals kurz Planungszeit und dann wieder eine Arbeitsphase. Die Zwischenstände (Punkteanzahl) werden jeweils mitgeteilt.

Debrief

Ein Thema für die Reflexion stellen die Zusammenhänge von Vertrauen oder Misstrauen, Sabotage oder vermuteter Sabotage und Arbeitsleistung von Teams dar. Meist wird aufgrund der günstigsten Bedingungen Team 4 (bzw. 8) gewinnen. Insgesamt hat es sich bewährt, die Kunden in die Reflexion so mit einzubinden, dass diese am Beginn ihre Eindrücke und Beobachtungen schildern dürfen. Ebenfalls zu Beginn der Reflexionsphase sollte das zu Grunde liegende Verteilungsschema hinsichtlich der Saboteure aufgelöst werden.

Im Debrief sind aber vor allem Gefühle hinsichtlich Vertrauen und Misstrauen aufzuarbeiten. Dabei ist ein weiterer Aspekt, der sich gut mit der Übung verknüpfen lässt, in der sozialen Konstruktion von Realität zu sehen. Wie bereits der Philosoph Epiktet 50 n. Chr. feststellte, sind nicht nur die Dinge an sich (Saboteur), sondern auch und vielmehr die Meinungen über die Dinge (vermuteter Saboteur) für die sozialen Prozesse in einer Gemeinschaft relevant. Demnach ist nicht nur die Auswirkung von Sabotage selbst von Bedeutung, sondern jenes Misstrauen, das aus der vermuteten Sabotage in Team 2 beziehungsweise 6 entsteht (also die Auswirkungen der Vermutung eines Saboteurs, der aber gar nicht da ist). Hier ist interessant, welche Interpretationen von Verhalten (Wahrnehmung vs. Realität) zu Misstrauen führen, so wird ansonsten »normales« Verhalten bei Misstrauen als »abnormal« klassifiziert. Weiterhin sollte reflektiert werden, welche Kriterien zu diesem Misstrauen und Interpretationen von Verhalten führen, zum Beispiel ob Personen, die aus bestimmten Gründen eine Außenseiterposition einnehmen, leichter Misstrauen entgegengebracht wird und worin die Merkmale von Außenseitern bestehen. Hierbei kann auch das bekannte Phänomen der sich selbst erfüllenden Prophezeiung diskutiert werden: Misstrauen führt letztlich zu einem eventuell nonverbalen und unbewussten Verhalten gegenüber den vermeintlichen Saboteuren, das bei ihnen Unsicher-

heit und Fehler verursachen kann. Dies wird dann als scheinbare Bestä-
tigung des Misstrauens gegenüber diesen Personen gesehen.

Ein vertiefendes Thema zum Vergleich von Teamübung und Realität
kann darstellen, wie in Arbeits- und Projektteams Vertrauen erzeugt
werden kann, welches Verhalten, welche Strategien und welche Faktoren
Vertrauen oder Misstrauen fördern und welche Möglichkeiten bestehen,
verlorenes Vertrauen wiederherzustellen. Vertrauensbildung als zentra-
ler Aspekt von Beziehungsgestaltung im Rahmen des Trainings von
Teamkompetenz kann somit aus verschiedenen Perspektiven rekonstru-
iert werden. In weiterführender Folge kann auch das Thema Konfliktbe-
arbeitung reflektiert werden, da aus Sabotage und Misstrauen natürlich
auch oft Konflikte in Gruppen entstehen und umgekehrt.

Einen weiteren Reflexionsgegenstand kann die Planungsphase bieten,
zum Beispiel inwieweit die Ideen aller Beteiligten gehört wurden, ob und
wie Führung übernommen wurde oder wie die Arbeit organisiert wurde.
Auch die Arbeitsphase bietet Diskussionsmöglichkeiten, unter anderem
kann besprochen werden, ob in der Arbeitsphase selbst noch flexible
Verbesserungen des Arbeitsprozesses vorgenommen wurden.

Den Saboteuren sollte gedankt werden, dass sie ihre Rolle ernst genommen haben, um eine für alle wertvolle Erfahrung zu ermöglichen.
Sie sollten dann offiziell aus der Rolle entlassen werden. Die Saboteure
können auch in der Reflexion direkt gefragt werden, ob und warum es
ihnen schwer gefallen ist, diese Rolle zu übernehmen. Es ist wichtig, in
der Reflexion klarzustellen, dass die Saboteure lediglich eine Aufgabe von
der Spielleitung wahrgenommen haben, die nichts mit ihrer Persönlich-
keit außerhalb des Spiels zu tun hat. Bei Team 1, 2 und 3 bietet es sich
natürlich an zu fragen, wer aus Sicht der Teams der Saboteur oder der
vermeintliche Saboteur ist, bevor aufgelöst wird, wer diese Rolle tatsächlich hatte (bzw. bevor der Clou vorgestellt wird, dass in Team 2 niemand
diese Rolle hatte).

KUNDE Team 1

Du bist Kunde für Team 1.

Beobachte die Teamarbeit.
Gib gemischte Stapel an Arbeitsteams aus.
Kontrolliere die abgegebenen Produkte (geordnete Kartenstapel).
Notiere Punkte für Produkte.
Mische geordnete Stapel.

KUNDE Team 2

Du bist Kunde für Team 2.

Beobachte die Teamarbeit.
Gib gemischte Stapel an Arbeitsteams aus.
Kontrolliere die abgegebenen Produkte (geordnete Kartenstapel).
Notiere Punkte für Produkte.
Mische geordnete Stapel.

KUNDE Team 3

Du bist Kunde für Team 3.

Beobachte die Teamarbeit.
Gib gemischte Stapel an Arbeitsteams aus.
Kontrolliere die abgegebenen Produkte (geordnete Kartenstapel).
Notiere Punkte für Produkte.
Mische geordnete Stapel.

KUNDE Team 4

Du bist Kunde für Team 4.

Beobachte die Teamarbeit.
Gib gemischte Stapel an Arbeitsteams aus.
Kontrolliere die abgegebenen Produkte (geordnete Kartenstapel).
Notiere Punkte für Produkte.
Mische geordnete Stapel.

KUNDE Team 5

Du bist Kunde für Team 5.

Beobachte die Teamarbeit.
Gib gemischte Stapel an Arbeitsteams aus.
Kontrolliere die abgegebenen Produkte (geordnete Kartenstapel)
Notiere Punkte für Produkte.
Mische geordnete Stapel.

KUNDE Team 6

Du bist Kunde für Team 6.

Beobachte die Teamarbeit.
Gib gemischte Stapel an Arbeitsteams aus.
Kontrolliere die abgegebenen Produkte (geordnete Kartenstapel).
Notiere Punkte für Produkte.
Mische geordnete Stapel.

KUNDE Team 7

Du bist Kunde für Team 7.

Beobachte die Teamarbeit.
Gib gemischte Stapel an Arbeitsteams aus.
Kontrolliere die abgegebenen Produkte (geordnete Kartenstapel).
Notiere Punkte für Produkte.
Mische geordnete Stapel.

KUNDE Team 8

Du bist Kunde für Team 8.

Beobachte die Teamarbeit.
Gib gemischte Stapel an Arbeitsteams aus.
Kontrolliere die abgegebenen Produkte (geordnete Kartenstapel).
Notiere Punkte für Produkte.
Mische geordnete Stapel.

TEAMMITGLIED Team 1

Stelle mit deinen Arbeitskollegen schnell Produkte her. Ordne die gemischten Kartenstapel in der angegebenen Weise. In der Planungsphase erarbeite im Team eine Strategie, in der Arbeit bemühe dich um hohe Leistung.

Hinweis: Ein Teammitglied ist heimlich ein Saboteur, der den Arbeitsprozess verlangsamen will und absichtlich Fehler macht. Du weißt nicht, wer es ist. Erzähle davon niemandem, aber sei darauf vorbereitet und verhindere Sabotage!

TEAMMITGLIED Team 1

Stelle mit deinen Arbeitskollegen schnell Produkte her. Ordne die gemischten Kartenstapel in der angegebenen Weise. In der Planungsphase erarbeite im Team eine Strategie, in der Arbeit bemühe dich um hohe Leistung.

Hinweis: Ein Teammitglied ist heimlich ein Saboteur, der den Arbeitsprozess verlangsamen will und absichtlich Fehler macht. Du weißt nicht, wer es ist. Erzähle davon niemandem, aber sei darauf vorbereitet und verhindere Sabotage!

TEAMMITGLIED Team 1

Stelle mit deinen Arbeitskollegen schnell Produkte her. Ordne die gemischten Kartenstapel in der angegebenen Weise. In der Planungsphase erarbeite im Team eine Strategie, in der Arbeit bemühe dich um hohe Leistung.

Hinweis: Ein Teammitglied ist heimlich ein Saboteur, der den Arbeitsprozess verlangsamen will und absichtlich Fehler macht. Du weißt nicht, wer es ist. Erzähle davon niemandem, aber sei darauf vorbereitet und verhindere Sabotage!

TEAMMITGLIED Team 1

Stelle mit deinen Arbeitskollegen schnell Produkte her. Ordne die gemischten Kartenstapel in der angegebenen Weise. In der Planungsphase erarbeite im Team eine Strategie, in der Arbeit bemühe dich um hohe Leistung.

Hinweis: Ein Teammitglied ist heimlich ein Saboteur, der den Arbeitsprozess verlangsamen will und absichtlich Fehler macht. Du weißt nicht, wer es ist. Erzähle davon niemandem, aber sei darauf vorbereitet und verhindere Sabotage!

TEAMMITGLIED Team 5	TEAMMITGLIED Team 5
Stelle mit deinen Arbeitskollegen schnell Produkte her. Ordne die gemischten Kartenstapel in der angegebenen Weise. In der Planungsphase erarbeite im Team eine Strategie, in der Arbeit bemühe dich um hohe Leistung. Hinweis: Ein Teammitglied ist heimlich ein Saboteur, der den Arbeitsprozess verlangsamen will und absichtlich Fehler macht. Du weißt nicht, wer es ist. Erzähle davon niemandem, aber sei darauf vorbereitet und verhindere Sabotage!	Stelle mit deinen Arbeitskollegen schnell Produkte her. Ordne die gemischten Kartenstapel in der angegebenen Weise. In der Planungsphase erarbeite im Team eine Strategie, in der Arbeit bemühe dich um hohe Leistung. Hinweis: Ein Teammitglied ist heimlich ein Saboteur, der den Arbeitsprozess verlangsamen will und absichtlich Fehler macht. Du weißt nicht, wer es ist. Erzähle davon niemandem, aber sei darauf vorbereitet und verhindere Sabotage!
TEAMMITGLIED Team 5	TEAMMITGLIED Team 5
Stelle mit deinen Arbeitskollegen schnell Produkte her. Ordne die gemischten Kartenstapel in der angegebenen Weise. In der Planungsphase erarbeite im Team eine Strategie, in der Arbeit bemühe dich um hohe Leistung. Hinweis: Ein Teammitglied ist heimlich ein Saboteur, der den Arbeitsprozess verlangsamen will und absichtlich Fehler macht. Du weißt nicht, wer es ist. Erzähle davon niemandem, aber sei darauf vorbereitet und verhindere Sabotage!	Stelle mit deinen Arbeitskollegen schnell Produkte her. Ordne die gemischten Kartenstapel in der angegebenen Weise. In der Planungsphase erarbeite im Team eine Strategie, in der Arbeit bemühe dich um hohe Leistung. Hinweis: Ein Teammitglied ist heimlich ein Saboteur, der den Arbeitsprozess verlangsamen will und absichtlich Fehler macht. Du weißt nicht, wer es ist. Erzähle davon niemandem, aber sei darauf vorbereitet und verhindere Sabotage!
TEAMMITGLIED Team 2	TEAMMITGLIED Team 2
Stelle mit deinen Arbeitskollegen schnell Produkte her. Ordne die gemischten Kartenstapel in der angegebenen Weise. In der Planungsphase erarbeite im Team eine Strategie, in der Arbeit bemühe dich um hohe Leistung. Hinweis: Ein Teammitglied ist heimlich ein Saboteur, der den Arbeitsprozess verlangsamen will und absichtlich Fehler macht. Du weißt nicht, wer es ist. Erzähle davon niemandem, aber sei darauf vorbereitet und verhindere Sabotage!	Stelle mit deinen Arbeitskollegen schnell Produkte her. Ordne die gemischten Kartenstapel in der angegebenen Weise. In der Planungsphase erarbeite im Team eine Strategie, in der Arbeit bemühe dich um hohe Leistung. Hinweis: Ein Teammitglied ist heimlich ein Saboteur, der den Arbeitsprozess verlangsamen will und absichtlich Fehler macht. Du weißt nicht, wer es ist. Erzähle davon niemandem, aber sei darauf vorbereitet und verhindere Sabotage!

TEAMMITGLIED Team 2

Stelle mit deinen Arbeitskollegen schnell Produkte her. Ordne die gemischten Kartenstapel in der angegebenen Weise. In der Planungsphase erarbeite im Team eine Strategie, in der Arbeit bemühe dich um hohe Leistung.

Hinweis: Ein Teammitglied ist heimlich ein Saboteur, der den Arbeitsprozess verlangsamen will und absichtlich Fehler macht. Du weißt nicht, wer es ist. Erzähle davon niemandem, aber sei darauf vorbereitet und verhindere Sabotage!

TEAMMITGLIED Team 2

Stelle mit deinen Arbeitskollegen schnell Produkte her. Ordne die gemischten Kartenstapel in der angegebenen Weise. In der Planungsphase erarbeite im Team eine Strategie, in der Arbeit bemühe dich um hohe Leistung.

Hinweis: Ein Teammitglied ist heimlich ein Saboteur, der den Arbeitsprozess verlangsamen will und absichtlich Fehler macht. Du weißt nicht, wer es ist. Erzähle davon niemandem, aber sei darauf vorbereitet und verhindere Sabotage!

TEAMMITGLIED Team 6

Stelle mit deinen Arbeitskollegen schnell Produkte her. Ordne die gemischten Kartenstapel in der angegebenen Weise. In der Planungsphase erarbeite im Team eine Strategie, in der Arbeit bemühe dich um hohe Leistung.

Hinweis: Ein Teammitglied ist heimlich ein Saboteur, der den Arbeitsprozess verlangsamen will und absichtlich Fehler macht. Du weißt nicht, wer es ist. Erzähle davon niemandem, aber sei darauf vorbereitet und verhindere Sabotage!

TEAMMITGLIED Team 6

Stelle mit deinen Arbeitskollegen schnell Produkte her. Ordne die gemischten Kartenstapel in der angegebenen Weise. In der Planungsphase erarbeite im Team eine Strategie, in der Arbeit bemühe dich um hohe Leistung.

Hinweis: Ein Teammitglied ist heimlich ein Saboteur, der den Arbeitsprozess verlangsamen will und absichtlich Fehler macht. Du weißt nicht, wer es ist. Erzähle davon niemandem, aber sei darauf vorbereitet und verhindere Sabotage!

TEAMMITGLIED Team 6

Stelle mit deinen Arbeitskollegen schnell Produkte her. Ordne die gemischten Kartenstapel in der angegebenen Weise. In der Planungsphase erarbeite im Team eine Strategie, in der Arbeit bemühe dich um hohe Leistung.

Hinweis: Ein Teammitglied ist heimlich ein Saboteur, der den Arbeitsprozess verlangsamen will und absichtlich Fehler macht. Du weißt nicht, wer es ist. Erzähle davon niemandem, aber sei darauf vorbereitet und verhindere Sabotage!

TEAMMITGLIED Team 6

Stelle mit deinen Arbeitskollegen schnell Produkte her. Ordne die gemischten Kartenstapel in der angegebenen Weise. In der Planungsphase erarbeite im Team eine Strategie, in der Arbeit bemühe dich um hohe Leistung.

Hinweis: Ein Teammitglied ist heimlich ein Saboteur, der den Arbeitsprozess verlangsamen will und absichtlich Fehler macht. Du weißt nicht, wer es ist. Erzähle davon niemandem, aber sei darauf vorbereitet und verhindere Sabotage!

TEAMMITGLIED Team 3	TEAMMITGLIED Team 3
Stelle mit deinen Arbeitskollegen schnell Produkte her. Ordne die gemischten Kartenstapel in der angegebenen Weise. In der Planungsphase erarbeite im Team eine Strategie, in der Arbeit bemühe dich um hohe Leistung.	Stelle mit deinen Arbeitskollegen schnell Produkte her. Ordne die gemischten Kartenstapel in der angegebenen Weise. In der Planungsphase erarbeite im Team eine Strategie, in der Arbeit bemühe dich um hohe Leistung.
TEAMMITGLIED Team 3	TEAMMITGLIED Team 3
Stelle mit deinen Arbeitskollegen schnell Produkte her. Ordne die gemischten Kartenstapel in der angegebenen Weise. In der Planungsphase erarbeite im Team eine Strategie, in der Arbeit bemühe dich um hohe Leistung.	Stelle mit deinen Arbeitskollegen schnell Produkte her. Ordne die gemischten Kartenstapel in der angegebenen Weise. In der Planungsphase erarbeite im Team eine Strategie, in der Arbeit bemühe dich um hohe Leistung.
TEAMMITGLIED Team 4	TEAMMITGLIED Team 4
Stelle mit deinen Arbeitskollegen schnell Produkte her. Ordne die gemischten Kartenstapel in der angegebenen Weise. In der Planungsphase erarbeite im Team eine Strategie, in der Arbeit bemühe dich um hohe Leistung.	Stelle mit deinen Arbeitskollegen schnell Produkte her. Ordne die gemischten Kartenstapel in der angegebenen Weise. In der Planungsphase erarbeite im Team eine Strategie, in der Arbeit bemühe dich um hohe Leistung.

TEAMMITGLIED Team 4 Stelle mit deinen Arbeitskollegen schnell Produkte her. Ordne die gemischten Kartenstapel in der angegebenen Weise. In der Planungsphase erarbeite im Team eine Strategie, in der Arbeit bemühe dich um hohe Leistung.	**TEAMMITGLIED Team 4** Stelle mit deinen Arbeitskollegen schnell Produkte her. Ordne die gemischten Kartenstapel in der angegebenen Weise. In der Planungsphase erarbeite im Team eine Strategie, in der Arbeit bemühe dich um hohe Leistung.
TEAMMITGLIED Team 7 Stelle mit deinen Arbeitskollegen schnell Produkte her. Ordne die gemischten Kartenstapel in der angegebenen Weise. In der Planungsphase erarbeite im Team eine Strategie, in der Arbeit bemühe dich um hohe Leistung.	**TEAMMITGLIED Team 7** Stelle mit deinen Arbeitskollegen schnell Produkte her. Ordne die gemischten Kartenstapel in der angegebenen Weise. In der Planungsphase erarbeite im Team eine Strategie, in der Arbeit bemühe dich um hohe Leistung.
TEAMMITGLIED Team 7 Stelle mit deinen Arbeitskollegen schnell Produkte her. Ordne die gemischten Kartenstapel in der angegebenen Weise. In der Planungsphase erarbeite im Team eine Strategie, in der Arbeit bemühe dich um hohe Leistung.	**TEAMMITGLIED Team 7** Stelle mit deinen Arbeitskollegen schnell Produkte her. Ordne die gemischten Kartenstapel in der angegebenen Weise. In der Planungsphase erarbeite im Team eine Strategie, in der Arbeit bemühe dich um hohe Leistung.

TEAMMITGLIED Team 8	TEAMMITGLIED Team 8
Stelle mit deinen Arbeitskollegen schnell Produkte her. Ordne die gemischten Kartenstapel in der angegebenen Weise. In der Planungsphase erarbeite im Team eine Strategie, in der Arbeit bemühe dich um hohe Leistung.	Stelle mit deinen Arbeitskollegen schnell Produkte her. Ordne die gemischten Kartenstapel in der angegebenen Weise. In der Planungsphase erarbeite im Team eine Strategie, in der Arbeit bemühe dich um hohe Leistung.

TEAMMITGLIED Team 8	TEAMMITGLIED Team 8
Stelle mit deinen Arbeitskollegen schnell Produkte her. Ordne die gemischten Kartenstapel in der angegebenen Weise. In der Planungsphase erarbeite im Team eine Strategie, in der Arbeit bemühe dich um hohe Leistung.	Stelle mit deinen Arbeitskollegen schnell Produkte her. Ordne die gemischten Kartenstapel in der angegebenen Weise. In der Planungsphase erarbeite im Team eine Strategie, in der Arbeit bemühe dich um hohe Leistung.

TEAMMITGLIED Team 1	TEAMMITGLIED Team 3
Du bist ein heimlicher Saboteur. Deine geheime Mission ist es, den Planungsprozess und den Arbeitsprozess geschickt zu stören und zu verlangsamen. In der Planungsphase kannst du viele »dumme« und ablenkende Fragen stellen oder ungeeignete Vorschläge machen. In der Arbeitsphase kannst du langsam arbeiten und absichtlich Fehler machen. Es ist wichtig, deine Rolle ernst zu nehmen und diese nicht preiszugeben.	Du bist ein heimlicher Saboteur. Deine geheime Mission ist es, den Planungsprozess und den Arbeitsprozess geschickt zu stören und zu verlangsamen. In der Planungsphase kannst du viele »dumme« und ablenkende Fragen stellen oder ungeeignete Vorschläge machen. In der Arbeitsphase kannst du langsam arbeiten und absichtlich Fehler machen. Es ist wichtig, deine Rolle ernst zu nehmen und diese nicht preiszugeben.

TEAMMITGLIED Team 5	TEAMMITGLIED Team 7
Du bist ein heimlicher Saboteur. Deine geheime Mission ist es, den Planungsprozess und den Arbeitsprozess geschickt zu stören und zu verlangsamen. In der Planungsphase kannst du viele »dumme« und ablenkende Fragen stellen oder ungeeignete Vorschläge machen. In der Arbeitsphase kannst du langsam arbeiten und absichtlich Fehler machen. Es ist wichtig, deine Rolle ernst zu nehmen und diese nicht preiszugeben.	Du bist ein heimlicher Saboteur. Deine geheime Mission ist es, den Planungsprozess und den Arbeitsprozess geschickt zu stören und zu verlangsamen. In der Planungsphase kannst du viele »dumme« und ablenkende Fragen stellen oder ungeeignete Vorschläge machen. In der Arbeitsphase kannst du langsam arbeiten und absichtlich Fehler machen. Es ist wichtig, deine Rolle ernst zu nehmen und diese nicht preiszugeben.

Lernspiel und Teamübung

Teamphasen

Kategorie:	Lernspiel und Teamübung
Lernziele:	Auseinandersetzung mit den typischen Merkmalen verschiedener Phasen in der Entwicklung von Teams, mit den Bedürfnissen der Teammitglieder und den Aufgaben von Führung in den jeweiligen Phasen
Teilnehmeranzahl:	3–60 Personen
Zeit:	90–120 Minuten
Ort:	Raum mit viel freier Fläche oder großen Tischen oder Pinwänden
Material:	Wissenskarten (s. u.)

Ablauf und Regeln

Die Wissenskarten auf den folgenden Seiten müssen auf farbiges Papier kopiert (die Farben sind in Klammern angegeben, s. u.) und ausgeschnitten werden (jeweils ohne die Überschrift, die angibt, welche Entwicklungsphase und welches Thema in den Karten angesprochen wird). Die Karten werden gemischt und an ein Team übergeben. In einem Team können drei bis sechs Personen gut zusammenarbeiten. Bei größeren Teilnehmerzahlen sollte das Lernspiel in mehreren Teams parallel laufen (jedes Team benötigt aber für die Arbeit einen kompletten Satz Wissenskarten). Ein Kartensatz besteht aus jeweils sechs Karten zu jeweils drei Themen (Kennzeichen, Bedürfnisse und Führung) in Bezug auf vier Entwicklungsphasen. Zu diesen 72 Karten kommen für jede der vier Phasen noch eine Bezeichnung und eine Kurzcharakteristik dazu, was insgesamt 80 Karten ergibt.

Den Teilnehmern wird also ein gemischter Satz Karten übergeben und die Aufgabenstellung mitgeteilt: »Diese Karten sollt ihr in den nächsten . . . Minuten in eine euch sinnvoll erscheinende Ordnung bringen. Die Karten können dazu in mehrere Kategorien eingeteilt werden.« Es ist sinnvoll, mindestens eine halbe Stunde für diese Arbeit Zeit zu geben, es kann aber auch mehr Zeit (bis zu 45 Minuten) vorgegeben werden. Der Trainer sollte in der Zeit jedoch die Gruppe(n) besuchen und gegebenenfalls angemessene Hilfestellungen anbieten, da sich manche Gruppen sonst leicht verzetteln oder frustriert sind, wenn ihnen längere Zeit kein passend erscheinender Ordnungsansatz in den Sinn kommt. Man kann zum Beispiel die Teilnehmer anregen, über die Bedeutung der Farben nachzudenken oder mitteilen, dass es insgesamt um vier Phasen der Teamentwicklung geht.

Nach der Arbeitsphase werden die Teams gebeten, die Ergebnisse kurz vorzustellen. Anschließend erfolgt das Debrief und gegebenenfalls eine Richtigstellung von Seiten der Trainer (Auflösung der korrekten Zuordnung) und eine weitere inhaltliche Diskussion der Ergebnisse.

Besondere Hinweise

Bei häufigem Einsatz empfiehlt sich die Herstellung von laminierten Karten. Je nach Platz auf Tischen oder der Anzahl zur Verfügung stehender Flipcharts können die Karten auch noch vergrößert kopiert werden (was aus unserer Erfahrung für die Arbeit und nachfolgende Präsentation etwas angenehmer ist).

Die Inhalte der Wissenskarten und die Zuordnung zu den Phasen einer Teamentwicklung basieren auf verschiedenen Teamentwicklungsphasenkonzepten, wobei die Bezeichnung der vier Phasen in Forming, Storming, Norming und Performing auf Tuckman (1965) basiert. An dieser Stelle soll keine weitere Darstellung dieser Konzepte erfolgen, sondern wir verweisen auf die zahlreich vorliegende Literatur zu diesem Thema (z. B. Kriz u. Nöbauer 2002/2006). In der Übung fokussieren wir speziell auf typische Merkmale/Symptome, Bedürfnisse der Personen und die Erfolgsfaktoren von Führung in Zusammenhang mit den vier Phasen. Wir danken Prof. Dr. Tanja Eiselen (FH Voarlberg) und Dipl.-Psych. Gregor Spengler (Leipzig) für die Grundidee zu diesem Lernspiel.

Mögliche Variationen

Das Spiel eignet sich zur Wiederholung von bereits erlerntem Wissen, zum Beispiel nach einem Vortrag über die Entwicklungsphasen eines Teams, oder nach dem Lesen eines Textes zu diesem Thema. Wir setzen diese Übung jedoch auch zur Erarbeitung dieses Wissens ein, das heißt die Teilnehmer müssen über keinerlei Vorwissen verfügen. Erst nach der Übung kann dann je nach Bedarf noch mehr Wissen zu dem Thema dargestellt werden.

Es können leere Karten einbezogen werden, auf die die Teilnehmer weitere Merkmale, Bedürfnisse oder Erfolgsfaktoren von Führung in Bezug auf die vier Phasen schreiben können. Somit können eigene Gedanken und Wissen der Teilnehmer integriert werden.

Da es sich hierbei um ein so genanntes »Framegame« handelt, können natürlich auch ganz andere Wissensinhalte in dieser Form spielerisch vermittelt werden. Die Grundstruktur und Elemente der Übung (Regel und Ablauf, Karten) bleiben gleich, es müssen dann jedoch entsprechende Wissenskarten hergestellt werden, die sich auf Inhalte beziehen, die sich in verschiedene definierte Kategorien einteilen lassen.

Debrief

Nach der Präsentationsrunde ist es sinnvoll, inhaltlich weiter in die Tiefe zu gehen und weitere Aspekte der Entwicklungsphasen zu besprechen. Es sollte diskutiert werden, bei welchen Karten sich die Teilnehmer besonders leicht oder schwer taten, diese einzuordnen. Man sollte sich dabei insgesamt von Trainerseite nicht unbedingt starr an die von uns vorgedachte Lösung halten, es ist weniger wichtig, was objektiv »richtig« oder »falsch« ist, sondern die Reflexion der Teilnehmer ist das Wesentliche. Es sind durchaus kreative andere Ordnungssysteme denkbar, es ist daher notwendig, dass die Teilnehmer versuchen, ihren Ordnungsansatz und ihre Lösung argumentativ darzustellen.

Es hat sich bewährt, auch auf das eigene Wissen und Erleben der Teilnehmer Bezug zu nehmen und aufzuarbeiten, wie sie selbst bereits Entwicklungen von Teams erlebt haben, welche Inhalte der Karten sie selbst schon einmal in der Praxis beobachten konnten und welche anderen Aspekte sie sehen, die in den Karten nicht abgebildet sind. Bei real arbeitenden Teams kann auch die konkrete eigene Entwicklung angesprochen werden, zum Beispiel: »In welche Phase würdet ihr euch selbst als Team gerade einordnen?«, »Wie habt ihr die Phase ... bewältigt?«, »Welche Symptome könnt ihr in eurer Zusammenarbeit im Moment entdecken?«

Neben der inhaltlichen Vertiefung kann auch die gruppendynamische Dimension der Übung selbst angesprochen werden, zum Beispiel: »Haben sich beim Ordnen alle Teammitglieder eingebracht?«, »Fühlen sich alle für das Endergebnis verantwortlich?«, »Gab es Konkurrenz zwischen den Teammitgliedern, welches Ordnungssystem gewählt werden soll und wie hat sich diese Konkurrenz ausgewirkt?«, »Hat jemand Führungsfunktionen übernommen?«

Es kann auch nochmals auf der Metaebene diskutiert werden, wie die Gruppendynamik während der Übung anders verlaufen wäre, wenn die Spielteams sich in der Phase Forming, Storming, Norming oder Performing befunden hätten.

Wissenskarten – Bezeichnungen (rot)

Forming	»Man«
Storming	»Ich«
Norming	»Wir«
Performing	»Ich mit euch«

Wissenskarten Forming – Bedürfnisse der Personen (grün)

Sicherheit	Harmonie
Kontakt	Kennenlernen
Eingliederung	Orientierung

Wissenskarten Storming – Bedürfnisse der Personen (grün)

Ärgerliches loswerden	Klarheit
Positionierung	Differenzierung
Wahrnehmen und Erfüllen eigener Vorstellungen	Macht und Einfluss

Wissenskarten Norming – Bedürfnisse der Personen (grün)

Festgelegte und stabile Strukturen	Zuversicht
Akzeptanz, Anerkennung und Sinnhaftigkeit der eigenen Rolle	Vorhersagbarkeit und Kontrollierbarkeit von Abläufen
Harmonie und gemeinsame Leistung	Vertrauen in Selbst und Team

Wissenskarten Performing – Bedürfnisse der Personen (grün)

Lust an Leistung	Anerkennung
Autonomie	Gerechte Beteiligung am Erfolg
Selbstverwirklichung	Flow – Aufgehen in der Tätigkeit

Wissenskarten Forming – Kennzeichen/Symptome (blau)

Vorsichtiges Abtasten der Situation	Neugierde
Betonung von Ähnlichem und von Gemeinsamkeiten	Unsicherheit über Situation und ihre Anforderungen
Höflichkeit	Hohe Erwartungen

Wissenskarten Storming – Kennzeichen/Symptome (blau)

Frustration, Konflikte und Streit um Ziele und Aufgaben	Konkurrenz und Fraktionsbildung
Betonung von Unterschieden	Verhakeln im Detail
Angriffe auf Führungspersonen	Demotivation aufgrund der Wahrnehmung der Kluft zwischen Erwartung und Realität

Wissenskarten Norming – Kennzeichen/Symptome (blau)

Kooperation und Zusammenarbeit, wechselseitige Kommunikation	Überbrücken der Kluft zwischen Erwartung und Realität
Beschlüsse und Entscheidungen werden getroffen	Ziele, Prioritäten und Wege zur Zielerreichung werden vereinbart
Festgelegte Rollen und Arbeitsabläufe, gemeinsame Sprache, Normen und Spielregeln	Gefühl der Exklusivität – Abgrenzung zu anderen Teams

Wissenskarten Performing – Kennzeichen/Symptome (blau)

Identität als Einzelperson und als Teammitglied	Selbstständige kreative und originelle Lösungen
Freude über produktive Mitarbeit im Team – »Gemeinsam sind wir stark«	Ausnahmen von Regeln sind flexibel möglich
Team steckt sich selbst weitere ehrgeizige Ziele	Konstruktive Konflikte, hohe Gesprächs- und Feedbackkultur

Wissenskarten Forming – Erfolgsfaktoren von Führung (gelb)

Regeln klären	Struktur geben
Ziele vorstellen	Raum und Zeit geben für Kennenlernen und Wir-Gefühl fördern
Erwartungen transparent machen	Führungsrolle klären (Moderation und aktive Mitgestaltung)

Wissenskarten Storming – Erfolgsfaktoren von Führung (gelb)

Grenzen aufzeigen, destruktives/verletzendes Verhalten unterbinden	Raum und Zeit geben für Rollen- und Beziehungsklärung
Metakommunikation und Reframing	Außenseiter schützen
Konstruktive Konflikte zulassen, Gesprächs- und Feedbackregeln vereinbaren	Führungsrolle klären (Moderation, aktive Konfliktmediation)

Wissenskarten Norming – Erfolgsfaktoren von Führung (gelb)

Auf Zielorientierung achten	»Rituale« einführen und unterstützen
Freiheiten zulassen und Kontrolle abgeben	Partizipation aller Mitglieder bei Entscheidungen unterstützen
Verantwortung teilen	Führungsrolle klären (Moderation, Coaching, nach und nach Rückzug)

Wissenskarten Performing – Erfolgsfaktoren von Führung (gelb)

Abwechselndes Führen im Team ist möglich	Unterstützung des Teams bei Bedarf
Erfolge anerkennen und feiern	Advocatus Diaboli spielen, um Gruppendenken und zu hohem Risiko bei Teamentscheidungen entgegenzuwirken
Nach außen beschützen und intern Ressourcen bereitstellen	Führungsrolle klären (Delegation, möglichst weit im Hintergrund agieren, demokratisch)

Planspiele

WIBRI

Kategorie:	Teamübung/Planspiel
Lernziele:	Kultur, interkulturelle Kommunikation, Umgang mit Regeln und Normen, Umgang mit Konfliktsituationen und Kulturschock
Teilnehmeranzahl:	9–18 Personen, mit Beobachtern bis zu 24 Personen
Zeit:	45–60 Minuten
Ort:	Raum mit Tischen und Stühlen
Material:	handelsübliche Kartenspiele, Spielregelbeschreibungen

Ablauf und Regeln

Die Teilnehmer werden in mindestens drei und maximal sechs Teams aufgeteilt. Jedes Team besteht aus drei Personen, die jeweils an einem Tisch sitzen (möglichst weit von den anderen Teams entfernt). Der Trainer erklärt, dass von Beginn an bis zum Spielende nicht miteinander gesprochen werden darf (diese Regel muss strikt eingehalten werden). Den Spielern wird mitgeteilt, dass es in einer ersten Phase darum geht, still – das heißt ohne Kommunikation – die Regeln eines einfachen Kartenspiels für drei Personen zu erlernen und dass in einer zweiten Phase dann ein Spielturnier an den einzelnen Tischen stattfindet, ebenfalls in vollkommener Stille. Der Trainer deklariert den Beginn der ersten Phase. Er teilt mit, dass die Spielteams nun schriftliche Spielregelbeschreibungen erhalten, die das Spiel genau beschreiben. Die Spieler dürfen nicht wissen, dass die Regeln der einzelnen Teams in einigen Details abweichen. Beim Verteilen der Regeln ist darauf zu achten, dass die verschiedenen Teams nur eine der sechs unterschiedlichen Regelvarianten bekommen und dass die Regelvarianten innerhalb des Teams einheitlich sind. Es sind dafür die Regelbeschreibungen jeweils dreimal zu kopieren, damit jeder Spieler eines Teams eine eigene Spielbeschreibung erhalten kann.

Die Teilnehmer werden aufgefordert, die Regeln still zu lesen und dann mit einigen (stillen) Übungsrunden zu beginnen, die noch nicht zum Turnier zählen. Man erlaubt für den Fall von Unklarheiten, dass sich Teilnehmer leise melden dürfen. Die Trainer gehen zu der entsprechenden Gruppe und klären flüsternd oder – wenn möglich – nonverbal durch Vorzeigen diese Fragen. Der Trainer besucht nach und nach alle Spielteams und fragt flüsternd, ob alles klar ist. Nach unserer Erfahrung sind die Spielregeln so selbsterklärend, dass es den allermeisten Teams gelingt, das Spiel ohne Nachfragen zu erlernen. Nach fünf bis zehn Minuten Übungszeit – wenn der Eindruck besteht, dass alles glatt läuft –, wird diese Phase beendet und der Beginn von Phase 2 deklariert.

Es wird die Anweisung gegeben, dass nun ein Turnier für sieben Minuten beginnt. In dieser Zeit sollen die Spieler versuchen, individuell möglichst viele Punkte zu erzielen. Ist eine Partie beendet und die Spielzeit von sieben Minuten läuft noch, dann kann sofort mit weiteren Partien weitergemacht werden, am Ende zählt das Gesamtergebnis aller Partien innerhalb der Spielzeit. Der Trainer sammelt in der Spielzeit alle Spielregeln von allen Tischen wieder ein!

Nach dem Ende der Spielzeit werden die Spieler in jedem Team gebeten, still ihre Punkte zu eruieren. Der Sieger jedes Teams soll aufstehen. Es wird nun erklärt, dass es noch eine dritte Phase gibt, die aber ebenfalls in Stille und ohne Kommunikation ablaufen muss. Die Sieger werden aufgefordert, sich jeweils zu einem anderen Spieltisch zu begeben und dort Platz zu nehmen, so dass sich wieder drei Spieler pro Spieltisch befinden. Es wird erklärt, dass nun nochmals ein neues Turnier beginnt, das wieder sieben Minuten dauert. Auch hier soll wieder jeder Spieler versuchen, ein Maximum an Punkten zu gewinnen.

Je nach Zeit können noch ein bis zwei weitere solche Wechsel von Siegern in neue Teams vorgenommen werden, in der Regel ist dies jedoch für die Auswertung der Übung nicht unbedingt notwendig.

Besondere Hinweise

Es ist absolut notwendig, die Einhaltung des Sprechverbots streng zu kontrollieren. Die Teilnehmer dürfen auf keinen Fall wissen, dass andere Teams andere Regeln bekommen. Es ist von Vorteil, wenn die Spielteams jeweils in einiger Entfernung voneinander platziert sind, damit sie die Regeln der anderen Teams und deren Spielweise keinesfalls mitbekommen können. Es ist hilfreich, schon vor Beginn der Übung die Tische so zu arrangieren, dass die Teilnehmer (Sieger) später nach einem einfachen System wechseln können (z. B. »im Uhrzeigersinn einen Tisch weiter«). Ebenfalls empfiehlt es sich, die Kartenspiele bereits vorzubereiten und aus den handelsüblichen Spielen jene Karten zu entfernen, die im Spiel nicht benötigt werden.

Mögliche Variationen

Bei mehr als 18 Teilnehmern (sechs mal drei Personen) kann in jedem Team ein Beobachter eingesetzt werden. Es können auch wesentlich mehr als sechs Gruppen gleichzeitig spielen, denn man kann durchaus mehreren Spielteams die selben Regeln geben, wenn man dann bei den Wechseln von Teilnehmern (Siegern) in andere Gruppen darauf achtet, dass diese jeweils in Gruppen mit anderen Regeln kommen (und mehr als fünf Wechsel sind ohnedies weder inhaltlich notwendig noch zeitlich sinnvoll).

Debrief

Wenn Beobachter eingesetzt wurden, so binden wir sie gern gleich am Beginn der Reflexion so ein, dass sie ihre Beobachtungen schildern. Insgesamt ist es für die Aufarbeitung besonders lohnend, vertieft zu besprechen, was nach dem Wechsel von Personen in neue Spielteams geschehen ist.

Es sollte diskutiert werden, welche Verhaltens- und Reaktionsweisen beobachtet wurden und wann und wie die Spielteams entdeckten, dass die Spieler andere Spielregeln haben. Die Übung kann durchaus zu einigen Emotionen führen, die diskutiert werden sollten. Wir haben schon Ärger und Wut (z. B. wird dem anderen »ein Vogel gezeigt« oder heftig der Kopf geschüttelt; einem Spieler, der ein WIBRI nach seinen Regeln gewonnen zu haben scheint und die entsprechenden Karten bei sich ablegt, werden von einem anderen Spieler, der sich nach seinen Regeln ebenfalls zu Recht als Gewinner sieht, die Spielkarten wieder entrissen usw.), Frustration bis hin zur Spielaufgabe, aber auch viel Spaß, Belustigung und Gelächter (aber auch Auslachen) erlebt. Diese

Reaktionen sind wertvoll für die weitere Reflexion. Insgesamt ist meistens eine allgemeine Verwirrung und Unsicherheit gegeben. Die Wechselpersonen sollen aus ihrer Perspektive berichten dürfen, was sie empfunden haben und auch die sitzen gebliebenen Personen (die »Alteingesessenen«) erzählen, wie es ihnen mit dem neuen Mitglied ergangen ist. Insbesondere kann reflektiert werden, welches Verhalten als hilfreich oder weniger hilfreich erlebt wurde: »Wurde versucht, dem Neuen die jeweils an dem Tisch herrschenden Regeln – wenn auch nonverbal – beizubringen und ihm Orientierung zu geben?«, »Wurde der Neue und dessen fehlendes Verständnis ausgenutzt?« Eine häufige Erkenntnis ist, dass man annimmt, dass die jeweils anderen Spieler das Spiel nicht begriffen haben; Fehler machen also meist die anderen und man sucht die Schuld für die erlebten Missverständnisse, Fehler und Unsicherheiten erst einmal weniger bei sich selbst.

Die in der Übung erfahrenen Konfusionsgefühle und Verhaltensweisen können dann in weiterer Reflexion auf typische Situationen der Realität übertragen werden. Hierbei geht es unter anderem um ein Kulturschockerlebnis, vergleichbar damit, wenn man in eine neue Kultur kommt, wobei sich dies auf eine Landeskultur, aber auch auf eine Organisationskultur beziehen kann (oder sogar nur auf den Wechsel von einer Subkultur in eine andere, wie zum Beispiel bei dem Wechsel von einer Abteilung eines Unternehmens in eine andere Abteilung). Die Bedeutung von Sicherheit vermittelnden Regeln als Kennzeichen sozialer Systeme (wie z. B. Teams) kann erörtert werden. Dabei sind viele Regeln, Normen und Werte, nach denen automatisch gehandelt wird, häufig eben nicht klar kommuniziert und vielfach den Angehörigen einer Kultur, einer Organisation oder eines länger bestehenden Teams gar nicht mehr bewusst und nicht einfach mitteilbar. Es lassen sich daher mit der Übung alle Themen im Zusammenhang mit interkultureller Kommunikation und kulturell bedingten Missverständnissen, Unsicherheiten und Konflikten in der Beziehungsgestaltung reflektieren. Für Teams kann es lohnend sein, auf der Übung aufbauend zu versuchen, bisher unausgesprochene Erwartungen, Annahmen (z. B. über die Teamziele und Prioritäten oder auch die impliziten Regeln in der Rollen- und Beziehungsgestaltung des Teams) und die herrschenden Denk- und Verhaltensmuster zu besprechen. Es könnten auch gemeinsam ausformulierte Regeln und Leitlinien für die eigene Kommunikation (z. B. Feedbackregeln) und Arbeitsgestaltung (z. B.

Verantwortungsbereiche, Entscheidungsfindung im Team) festgelegt und somit letztlich an einer gemeinsamen Teamkultur gearbeitet werden. Als Transfer aus der Übung kann auch gut diskutiert werden, wie man mit neuen Organisations- oder Teammitgliedern angemessen umgehen sollte, zum Beispiel wie man eine Einarbeitungsphase so gestaltet, dass neuen Mitarbeitern hilfreiche Orientierung gegeben wird.

Kartenspiel WIBRI

Absolute Stille ist wichtig!

Karten	Nur 24 Karten werden eingesetzt – Ass, 2, 3, 4, 5, 6 in allen vier Farben (= Herz, Karo, Pik und Kreuz). Ass ist die höchste Karte, 6 die niedrigste Karte.
Spieler	Drei Spieler sitzen an einem Tisch.
Ausgeben/Geber	Die größte Person ist der Geber. Er/Sie mischt immer und verteilt die Karten einzeln im Uhrzeigersinn, bis jeder Spieler acht Karten hat.
Start	Der Spieler links vom Geber startet das Spiel mit dem Ausspielen einer Karte. Im Uhrzeigersinn spielen danach alle Spieler jeweils eine Karte aus. Die drei in einer Runde ausgespielten Karten bilden zusammen ein »WIBRI«.
»WIBRI«-Gewinn	Nachdem alle drei Spieler eine Karte ausgespielt haben, so gewinnt die höchste Karte das WIBRI. Der Spieler, der diese Karte gespielt hat, sammelt das gewonnene WIBRI auf und legt es bei sich ab.
Weiterspielen	Der Gewinner eines WIBRI muss danach als Erster der nächsten Runde eine Karte ausspielen. Insgesamt dauert das Spiel so lange, bis alle Karten ausgespielt wurden.
Farben	Der erste Ausspieler einer Runde darf jede beliebige Farbe ausspielen. Alle anderen Spieler müssen dieser Farbe folgen. Nur wenn man keine Karte dieser Farbe besitzt, darf man auch eine andere Farbe ausspielen.
Trümpfe	In diesem Spiel gibt es keine Trümpfe! Wenn ein Spieler die Farbe des ersten Ausspielers nicht besitzt und eine beliebige andere Karte einer anderen Farbe ausspielt, gewinnt er daher das WIBRI nicht, auch dann nicht, wenn seine Karte (in der anderen Farbe) eine an sich höhere Karte ist.
Punkte und neues Spiel	Nach dem Ausspielen aller Karten werden die gewonnenen WIBRIs gezählt und aufgeschrieben. Pro gewonnenem WIBRI gibt es einen Punkt. Dann wird sofort ein neues Spiel begonnen.
Ende	Das Ende ist erreicht, wenn der Trainer dies verkündet. Auch wenn ein laufendes Spiel noch nicht beendet ist, so werden nur die bis dahin gewonnenen WIBRIs gezählt und die Punkte aller Spiele zusammengezählt. Der Spieler mit den meisten Punkten hat gewonnen.

Kartenspiel WIBRI

Absolute Stille ist wichtig!

Karten	Nur 24 Karten werden eingesetzt – 6, 5, 4, 3, 2, Ass in allen vier Farben (= Herz, Karo, Pik und Kreuz). 6 ist die höchste Karte, Ass ist die niedrigste Karte.
Spieler	Drei Spieler sitzen an einem Tisch.
Ausgeben/Geber	Die größte Person ist der Geber. Er/Sie mischt immer und verteilt die Karten einzeln im Uhrzeigersinn, bis jeder Spieler acht Karten hat.
Start	Der Spieler links vom Geber startet das Spiel mit dem Ausspielen einer Karte. Im Uhrzeigersinn spielen danach alle Spieler jeweils eine Karte aus. Die drei in einer Runde ausgespielten Karten bilden zusammen ein »WIBRI«.
»WIBRI«-Gewinn	Nachdem alle drei Spieler eine Karte ausgespielt haben, so gewinnt die höchste Karte das WIBRI. Der Spieler, der diese Karte gespielt hat, sammelt das gewonnene WIBRI auf und legt es bei sich ab.
Weiterspielen	Der Gewinner eines WIBRI muss danach als Erster der nächsten Runde eine Karte ausspielen. Insgesamt dauert das Spiel so lange, bis alle Karten ausgespielt wurden.
Farben	Der erste Ausspieler einer Runde darf jede beliebige Farbe ausspielen. Alle anderen Spieler müssen dieser Farbe folgen. Nur wenn man keine Karte dieser Farbe besitzt, darf man auch eine andere Farbe ausspielen.
Trümpfe	In diesem Spiel ist Herz Trumpf, der aber nur ausgespielt werden darf, wenn man keine Karte der Farbe des ersten Ausspielers hat (außer natürlich, wenn der erste Ausspieler ohnehin Herz ausspielt). In dem Fall gewinnt man das WIBRI, da auch das niedrigste Herz immer noch höher ist als eine hohe Karte einer anderen Farbe (außer eine andere Person spielt ebenfalls eine Herzkarte, die noch höher ist).
Punkte und neues Spiel	Nach dem Ausspielen aller Karten werden die gewonnenen WIBRIs gezählt und aufgeschrieben. Pro gewonnenem WIBRI gibt es einen Punkt. Dann wird sofort ein neues Spiel begonnen.
Ende	Das Ende ist erreicht, wenn der Trainer dies verkündet. Auch wenn ein laufendes Spiel noch nicht beendet ist, so werden nur die bis dahin gewonnenen WIBRIs gezählt und die Punkte aller Spiele zusammengezählt. Der Spieler mit den meisten Punkten hat gewonnen.

Kartenspiel WIBRI

Absolute Stille ist wichtig!

Karten	Nur 24 Karten werden eingesetzt – Ass, 2, 3, 4, 5, 6 in allen vier Farben (= Herz, Karo, Pik und Kreuz). Ass ist die höchste Karte, 6 die niedrigste Karte.
Spieler	Drei Spieler sitzen an einem Tisch.
Ausgeben/Geber	Die größte Person ist der Geber. Er/Sie mischt immer und verteilt die Karten einzeln im Uhrzeigersinn, bis jeder Spieler acht Karten hat.
Start	Der Spieler links vom Geber startet das Spiel mit dem Ausspielen einer Karte. Im Uhrzeigersinn spielen danach alle Spieler jeweils eine Karte aus. Die drei in einer Runde ausgespielten Karten bilden zusammen ein »WIBRI«.
»WIBRI«-Gewinn	Nachdem alle drei Spieler eine Karte ausgespielt haben, so gewinnt die höchste Karte das WIBRI. Der Spieler, der diese Karte gespielt hat, sammelt das gewonnene WIBRI auf und legt es bei sich ab.
Weiterspielen	Der Gewinner eines WIBRI muss danach als Erster der nächsten Runde eine Karte ausspielen. Insgesamt dauert das Spiel so lange, bis alle Karten ausgespielt wurden.
Farben	Der erste Ausspieler einer Runde darf jede beliebige Farbe ausspielen. Alle anderen Spieler müssen dieser Farbe folgen. Nur wenn man keine Karte dieser Farbe besitzt, darf man auch eine andere Farbe ausspielen.
Trümpfe	In diesem Spiel ist Pik Trumpf, der immer ausgespielt werden darf, wenn man sich entscheidet, dass man einen Trumpf einsetzen will. In dem Fall gewinnt jener Spieler das WIBRI, der den höchsten Trumpf ausgespielt hat.
Punkte und neues Spiel	Nach dem Ausspielen aller Karten werden die gewonnenen WIBRIs gezählt und aufgeschrieben. Pro gewonnenem WIBRI gibt es einen Punkt. Dann wird sofort ein neues Spiel begonnen.
Ende	Das Ende ist erreicht, wenn der Trainer dies verkündet. Auch wenn ein laufendes Spiel noch nicht beendet ist, so werden nur die bis dahin gewonnenen WIBRIs gezählt und die Punkte aller Spiele zusammengezählt. Der Spieler mit den meisten Punkten hat gewonnen.

Kartenspiel WIBRI

Absolute Stille ist wichtig!

Karten	Nur 24 Karten werden eingesetzt – 6, 5, 4, 3, 2, Ass in allen vier Farben (= Herz, Karo, Pik und Kreuz). 6 ist die höchste Karte, Ass ist die niedrigste Karte.
Spieler	Drei Spieler sitzen an einem Tisch.
Ausgeben/Geber	Die größte Person ist der Geber. Er/Sie mischt immer und verteilt die Karten einzeln im Uhrzeigersinn, bis jeder Spieler acht Karten hat.
Start	Der Spieler links vom Geber startet das Spiel mit dem Ausspielen einer Karte. Im Uhrzeigersinn spielen danach alle Spieler jeweils eine Karte aus. Die drei in einer Runde ausgespielten Karten bilden zusammen ein »WIBRI«.
»WIBRI«-Gewinn	Nachdem alle drei Spieler eine Karte ausgespielt haben, so gewinnt die höchste Karte das WIBRI. Der Spieler, der diese Karte gespielt hat, sammelt das gewonnene WIBRI auf und legt es bei sich ab.
Weiterspielen	Der Gewinner eines WIBRI muss danach als Erster der nächsten Runde eine Karte ausspielen. Insgesamt dauert das Spiel so lange, bis alle Karten ausgespielt wurden.
Farben	Der erste Ausspieler einer Runde darf jede beliebige Farbe ausspielen. Alle anderen Spieler müssen dieser Farbe folgen. Nur wenn man keine Karte dieser Farbe besitzt, darf man auch eine andere Farbe ausspielen.
Trümpfe	In diesem Spiel gibt es keine Trümpfe! Wenn ein Spieler die Farbe des ersten Ausspielers nicht besitzt und eine beliebige andere Karte einer anderen Farbe ausspielt, gewinnt er daher das WIBRI nicht, auch dann nicht, wenn seine Karte (in der anderen Farbe) eine an sich höhere Karte ist.
Punkte und neues Spiel	Nach dem Ausspielen aller Karten werden die gewonnenen WIBRIs gezählt und aufgeschrieben. Pro gewonnenem WIBRI gibt es einen Punkt. Dann wird sofort ein neues Spiel begonnen.
Ende	Das Ende ist erreicht, wenn der Trainer dies verkündet. Auch wenn ein laufendes Spiel noch nicht beendet ist, so werden nur die bis dahin gewonnenen WIBRIs gezählt und die Punkte aller Spiele zusammengezählt. Der Spieler mit den meisten Punkten hat gewonnen.

Kartenspiel WIBRI

Absolute Stille ist wichtig!

Karten	Nur 24 Karten werden eingesetzt – Ass, 2, 3, 4, 5, 6 in allen vier Farben (= Herz, Karo, Pik und Kreuz). Ass ist die höchste Karte, 6 die niedrigste Karte.
Spieler	Drei Spieler sitzen an einem Tisch.
Ausgeben/Geber	Die größte Person ist der Geber. Er/Sie mischt immer und verteilt die Karten einzeln im Uhrzeigersinn, bis jeder Spieler acht Karten hat.
Start	Der Spieler links vom Geber startet das Spiel mit dem Ausspielen einer Karte. Im Uhrzeigersinn spielen danach alle Spieler jeweils eine Karte aus. Die drei in einer Runde ausgespielten Karten bilden zusammen ein »WIBRI«.
»WIBRI«-Gewinn	Nachdem alle drei Spieler eine Karte ausgespielt haben, so gewinnt die höchste Karte das WIBRI. Der Spieler, der diese Karte gespielt hat, sammelt das gewonnene WIBRI auf und legt es bei sich ab.
Weiterspielen	Der Gewinner eines WIBRI muss danach als Erster der nächsten Runde eine Karte ausspielen. Insgesamt dauert das Spiel so lange, bis alle Karten ausgespielt wurden.
Farben	Der erste Ausspieler einer Runde darf jede beliebige Farbe ausspielen. Alle anderen Spieler müssen dieser Farbe folgen. Nur wenn man keine Karte dieser Farbe besitzt, darf man auch eine andere Farbe ausspielen.
Trümpfe	In diesem Spiel ist Herz Trumpf, der aber nur ausgespielt werden darf, wenn man keine Karte der Farbe des ersten Ausspielers hat (außer natürlich, wenn der erste Ausspieler ohnehin Herz ausspielt). In dem Fall gewinnt man das WIBRI, da auch das niedrigste Herz immer noch höher ist als eine hohe Karte einer anderen Farbe (außer eine andere Person spielt ebenfalls eine Herzkarte, die noch höher ist).
Punkte und neues Spiel	Nach dem Ausspielen aller Karten werden die gewonnenen WIBRIs gezählt und aufgeschrieben. Pro gewonnenem WIBRI gibt es einen Punkt. Dann wird sofort ein neues Spiel begonnen.
Ende	Das Ende ist erreicht, wenn der Trainer dies verkündet. Auch wenn ein laufendes Spiel noch nicht beendet ist, so werden nur die bis dahin gewonnenen WIBRIs gezählt und die Punkte aller Spiele zusammengezählt. Der Spieler mit den meisten Punkten hat gewonnen.

Kartenspiel WIBRI

Absolute Stille ist wichtig!

Karten	Nur 24 Karten werden eingesetzt – 6, 5, 4, 3, 2, Ass in allen vier Farben (= Herz, Karo, Pik und Kreuz). 6 ist die höchste Karte, Ass ist die niedrigste Karte.
Spieler	Drei Spieler sitzen an einem Tisch.
Ausgeben/Geber	Die größte Person ist der Geber. Er/Sie mischt immer und verteilt die Karten einzeln im Uhrzeigersinn, bis jeder Spieler acht Karten hat.
Start	Der Spieler links vom Geber startet das Spiel mit dem Ausspielen einer Karte. Im Uhrzeigersinn spielen danach alle Spieler jeweils eine Karte aus. Die drei in einer Runde ausgespielten Karten bilden zusammen ein »WIBRI«.
»WIBRI«-Gewinn	Nachdem alle drei Spieler eine Karte ausgespielt haben, so gewinnt die höchste Karte das WIBRI. Der Spieler, der diese Karte gespielt hat, sammelt das gewonnene WIBRI auf und legt es bei sich ab.
Weiterspielen	Der Gewinner eines WIBRI muss danach als Erster der nächsten Runde eine Karte ausspielen. Insgesamt dauert das Spiel so lange, bis alle Karten ausgespielt wurden.
Farben	Der erste Ausspieler einer Runde darf jede beliebige Farbe ausspielen. Alle anderen Spieler müssen dieser Farbe folgen. Nur wenn man keine Karte dieser Farbe besitzt, darf man auch eine andere Farbe ausspielen.
Trümpfe	In diesem Spiel ist Pik Trumpf, der immer ausgespielt werden darf, wenn man sich entscheidet, dass man einen Trumpf einsetzen will. In dem Fall gewinnt jener Spieler das WIBRI, der den höchsten Trumpf ausgespielt hat.
Punkte und neues Spiel	Nach dem Ausspielen aller Karten werden die gewonnenen WIBRIs gezählt und aufgeschrieben. Pro gewonnenem WIBRI gibt es einen Punkt. Dann wird sofort ein neues Spiel begonnen.
Ende	Das Ende ist erreicht, wenn der Trainer dies verkündet. Auch wenn ein laufendes Spiel noch nicht beendet ist, so werden nur die bis dahin gewonnenen WIBRIs gezählt und die Punkte aller Spiele zusammengezählt. Der Spieler mit den meisten Punkten hat gewonnen.

Autobahnbau

Kategorie:	Planspiel
Lernziele:	Problemlösen, Kooperation vs. Konkurrenz, Entscheidungsfindung, Durchsetzung von Interessen bei der Nutzung von beschränkten Ressourcen, Verhandlungs- und Argumentationsstrategien, Umgang mit Konflikten, Moderation, Umgang mit Stress
Teilnehmeranzahl:	6–60 Personen
Zeit:	45–90 Minuten
Ort:	Raum mit Tischen und Stühlen
Material:	kopierte Handouts (mit Plan, Aufgabenbeschreibung und Regeln) und zusätzlich vergrößerte Pläne (DIN A3) pro Spielgruppe

Ablauf und Regeln

Das Handout mit Grundstücksplan und der Aufgabenbeschreibung (s. u.) wird an jeden Teilnehmer ausgeteilt. Die Teilnehmer werden aufgefordert, die Information erst einmal still durchzulesen. Die genaue Aufgabenbeschreibung ist auf dem Handout geschildert. Dann wird ein Rechenbeispiel mit der Gruppe besprochen (eventuell sind mehrere Beispiele notwendig). Danach werden den Teilnehmern die sechs verschiedenen Rollen zugeteilt. Die Teilnehmer sollen dann entsprechend ihrer Rolle eine möglichst kostengünstige Route planen, diese Route in den Plan einzeichnen und den Punktescore (Kosten) berechnen. Dafür sind in der Regel fünf bis acht Minuten ausreichend.

Danach werden die Teilnehmer aufgefordert, eine gemeinsame Route zu planen. Sie müssen innerhalb einer festgesetzten Zeit eine Autobahn in den vergrößerten Plan einzeichnen. Dabei sollen die Teilnehmer weiterhin ihre Interessensgruppe (Rolle) so gut wie möglich vertreten. Die Zeitvorgabe für die zweite gemeinsame Planung sollte in der Regel zwischen 20 und 30 Minuten liegen.

Besondere Hinweise

Der Plan ist absichtlich so konstruiert, dass verschiedene Rollen auch verschiedene günstige Straßenrouten haben (z. B. eher am linken Rand,

eher am rechten Rand). Die optimal geringsten Kosten pro Interessensgruppe sind zudem absichtlich unterschiedlich hoch. Dies macht das
Planspiel realitätsnäher und hat zur Folge, dass eine für alle Seiten als
»gerecht« angesehene Lösung bedeutend erschwert wird.

Mögliche Variationen

Bei einer großen Teilnehmeranzahl (mehr als zwölf Personen) kann man
das Spiel in mehreren kleinen Sechsergruppen parallel durchführen. Eine mittelgroße Gruppe (bis zwölf Personen) kann aber auch als Ganzes
an der gemeinsamen Route planen (es übernehmen dann jeweils zwei
Personen dieselbe Rolle).

Bei sehr großen Gruppen arbeiten wir auch gern mit der Variante,
dass die Teilnehmer nach der individuellen Routenplanung im nächsten
Schritt erst einmal in sechs Interessensgruppen mit derselben Rolle zu-
sammengefasst werden. Hier sollen sie gemeinsam noch eine für ihre
Interessen optimierte Autobahn in einen Plan einzeichnen. Dann wird
in jeder Interessensgruppe ein Vertreter als Gruppensprecher gewählt.
Im nächsten Schritt handeln dann diese sechs Gruppenvertreter im Namen ihrer Interessensgemeinschaften den gemeinsamen Routenplan
aus, die anderen Teilnehmer schauen als stille Beobachter zu. Eine weitere Möglichkeit besteht darin, dass die Gruppenvertreter ihre Verhand-
lung in einem gesonderten Raum durchführen. Diese Planungsgruppe
muss am Ende der gesamten Gruppe die gemeinsame Lösung präsentie-
ren. Diese Variante ist unter anderem deshalb interessant, da die Gruppenvertreter nicht nur innerhalb der Planungsgruppe argumentieren
müssen, sondern sich dann auch nochmals vor ihrer Interessensgemeinschaft rechtfertigen müssen (die oft gar nicht verstehen können, wieso
ihre Vertreter so lange brauchen und sich derart über den Tisch ziehen
lassen haben). Damit die Wartezeit für die anderen Teilnehmer produk-
tiv genutzt wird, kann ihnen in der Zwischenzeit die Aufgabe gegeben
werden, sich Kriterien zu überlegen, auf Grund derer sie dann die Route
und das Verhandlungsgeschick ihres Vertreters bewerten (z. B. verschiedene Punktescores definieren, die zu einem »Sehr gut« bis »Ungenü-
gend« in der Bewertung ihres Vertreters führen würden). Diese Bewertung soll dann auch durchgeführt werden.

Weitere Variationen (und damit noch mehr Druck) werden durch
Preise erreicht. Solche Preise können für die kostengünstigsten indivi-

duellen Routen, für die kostengünstigsten gemeinsamen Routen oder für die beste Vertretung der eigenen Rolleninteressen bei der gemeinsamen Planung versprochen werden und damit den Konkurrenzdruck zusätzlich steigern. Man kann am Ende des Spiels auch die individuellen Routen der ersten Planungsphase nochmals hinsichtlich der Gesamtkosten für alle Rollen rechnerisch auswerten. Auch bei der gemeinsamen Route kann am Ende ein Gesamtscore berechnet werden (Gesamtkosten: Addition aller Kosten der Straße für alle sechs Rollen).

Debrief

In der Reflexion können die verschiedenen Punktescores verglichen werden. Die Teilnehmer sollen über ihre Gefühle und Strategien im Spiel berichten. Der Bezug des Erlebten zu realen Entscheidungs- und Problemlöseprozessen bei unterschiedlichen Individualinteressen sollte diskutiert werden. Mögliche Fragen sind: »Wie zufrieden sind Sie mit der Route?«, »Wie zufrieden sind Sie mit Ihrer Verhandlungsleistung?« Diese Fragen eignen sich gut, um in die Aufarbeitung einzusteigen. Dann kann der Fokus auf unterschiedliche Facetten solcher mehrstufiger Entscheidungsprozesse gelegt werden, zum Beispiel:

Kooperation und Konkurrenz, Entscheidungsfindung

- »Welches Ausmaß an Kooperation, Koalitionenbildung und Konkurrenz gab es?«
- »Wie wirken sich Kooperation oder Konkurrenz auf die individuellen Gesamtkosten und auf die gemeinsamen Gesamtkosten aus?«
- »Wie wurden die Entscheidungen getroffen?«

Kommunikations-/Verhandlungsverhalten

- »Welche Argumentationsstrategien und eventuell auch destruktiven Strategien gab es beim Vertreten der eigenen Interessen und beim Umgang mit anderen Interessen?«
- »Welche Verhandlungsstrategien wurden sichtbar?«
- »Welche verbalen Strategien wurden eingesetzt?«
- »Welche Phasen hatte der Verhandlungsprozess?«

Hier könnten auch die spezifischen Dilemmata der Verhandler thematisiert werden. Sie sollen die Erwartungen der Gruppe, die sie entsandt hat, erfüllen und auch jene ihrer Verhandlungspartner.

Rollen im Verhandlungsprozess

- »Welche Art von Führung und/oder Moderation des Problemlöseprozesses hat sich herausgebildet?«
- »Welche weiteren sach- und/oder beziehungsorientierten Rollen haben einzelne Personen hinsichtlich der gemeinsamen Entscheidungsfindung übernommen?«

Es kann auch darüber reflektiert werden, was eine gerechte Lösung bedeutet und wie die Balance zwischen Interessensvertretung und gemeinsamer Verantwortung für eine Lösung gefunden werden kann (»Wie viel sollte jeder nachgeben?«). Thematisiert werden kann in diesem Zusammenhang, wie eine gemeinsame Vertrauensbasis und Kommunikationsspielregeln geschaffen wurden, wie eine Methode der Entscheidungsfindung entwickelt wurde und wie eine gemeinsame Vision trotz unterschiedlicher Interessen erreicht werden konnte. Diese Erkenntnisse sollten jeweils auch auf vergleichbare Situationen in der Realität übertragen werden, zum Beispiel: »Welchen Zusammenhang sehen Sie zwischen Spiel und Realität?«, »Was können Sie in vergleichbaren realen Verhandlungssituationen konkret verbessern?« Es kann auch besprochen werden, ob der Entscheidungsfindung in der realen Teamarbeit genügend Aufmerksamkeit und Zeit eingeräumt wird, damit Lösungen erarbeitet werden können, mit denen sich alle Mitglieder identifizieren können und die für alle Beteiligten eine Win-Win-Situation darstellt.

Gerade bei diesem Planspiel können verschiedene Konfliktarten (Verteilungs- und Bewertungskonflikt) und deren Eskalation (letztlich dann bis hin zu einem Beziehungskonflikt) studiert und aufgearbeitet werden. Verschiedene Verhandlungs- und Konflikttheorien können auf der Übung aufbauend erklärt werden. Gleichzeitig können Konfliktlösungsstrategien besprochen werden und der individuelle Umgang mit Konflikten kann reflektiert werden. Versuche, mit der Belastung in der Situation konstruktiv fertig zu werden, sollten diskutiert werden. Durch den Zeitdruck, eine eventuell durch Preise angeheizte Konkurrenzorientierung und möglicherweise durch noch eine Gruppe von anderen Mitgliedern derselben Interessensgemeinschaft, die man vertritt und vor denen man sich mit der eigenen Verhandlungsleistung nicht blamieren will, kann ganz erheblicher Stress empfunden werden. Diese Belastungssituation und die individuellen Bewältigungsmechanismen stellen ein weiteres wichtiges Debriefingthema dar. Bei den vorgestellten Varianten sollten natürlich auch die Beobachter in die Reflexion aktiv mit einbezogen werden.

Handout – Grundstücksplan für die Autobahnroute

Aufgabe ist die ...

Planung einer maximal kostengünstigen Straße. Die Route muss in einem Sechseck der Reihe 1 beginnen und in Reihe 27 enden. Jedes Sechseck kostet 5 Punkte und dazu noch Punkte für jedes der Symbole (vgl. Liste). Jeder Spieler bekommt eine Rolle zugeteilt (vgl. Liste). Für jede Rolle kosten die Symbole verschieden viele Punkte! Die Straße muss durch die Mitte der Sechsecke gebaut werden. Tragen Sie Ihre Route in den Plan ein. Die Sechsecke müssen aneinander anschließen. Die Straße kann beliebig vor und zurück gebaut werden. Berechnen Sie dann die Gesamtkosten Ihrer Route (vgl. Rechenbeispiel).

Symbol auf dem Plan:	□	☆	△	✛	○
Rollen	Wohnsiedlungen Erholungsraum	Geschäftszentren Industrieanlagen	schwer bebaubares Gelände	historische Sehenswürdigkeit	archäologische Ausgrabung
Stadträte	5	3	1	1	1
Archäologen	1	1	1	3	5
Steuerzahler	1	3	5	1	1
Hausbesitzer	7	1	1	1	1
Geschäftsleute	1	7	1	1	1
Bauingenieure	1	1	7	1	1

Rechenbeispiel: Feld A5 (4 Wohnsiedlungen und 2 Geschäftszentren) kostet für Stadträte 31 Punkte (5 Grundpunkte + 4 mal 5 Punkte für die Siedlungen + 2 mal 3 Punkte für die Geschäftszentren). Für Bauingenieure kostet dasselbe Feld A5 lediglich 11 Punkte. Auch Felder ohne Symbole kosten 5 Grundpunkte!

Reflexions-, Feedback- und Abschlussübungen

Wäscheleine

Kategorie: Reflexionsübung
Lernziele: Kennenlernen anderer Perspektiven
Teilnehmeranzahl: 4–60 Personen
Zeit: 20–30 Minuten
Ort: jeder Raum
Material: Wäscheleine, Wäscheklammern, Stifte,
Metaplankarten

Ablauf und Regeln

Im Raum wird eine Wäscheleine gespannt. Die Teilnehmer erhalten mehrere Metaplankarten, Wäscheklammern und einen Stift (oder sie können sich aus einem Depot nehmen soviel sie wollen). Zu einer vom Trainer vorgegebenen Reflexionsfrage dürfen die Teilnehmer nun ihre Antworten oder Gedanken aufschreiben. Jeder neue Aspekt soll auf eine neue Karte geschrieben werden und wird dann sofort auf die Leine gehängt. Dabei ist es natürlich auch erlaubt und sogar erwünscht, dass sich die Teilnehmer die Karten, die von anderen Teilnehmern aufgehängt werden, durchlesen und gegebenenfalls weiter ergänzen. Wir geben dazu in der Regel 15 Minuten Zeit, durch die Variationen (s. u.) kann die Übung natürlich auch ausgedehnt werden.

Es ist meist sinnvoll, noch eine weitere etwa 15-minütige Phase anzuschließen, in der die Karten nochmals durchgegangen und in Kartengruppen geordnet werden. Zu einzelnen thematischen Antwortclustern kann dann je nach Bedarf noch vertieft reflektiert werden.

Besondere Hinweise

Diese Übung eignet sich nicht nur zur Reflexion, sondern auch zum Brainstorming (mit nachfolgender Bewertungsphase).

Mögliche Variationen

Es hat sich bewährt, verschiedene Kartenfarben oder Formen einzusetzen. Damit können zum Beispiel verschiedene Perspektiven veranschaulicht und später noch einmal aufgegriffen werden (z. B. erhalten alle jene dieselbe Kartenfarbe, die in einer vorangegangenen Teamübung oder einem Planspiel dieselbe Rolle innehatten; alle jene erhalten bei mehreren Teams dieselbe Farbe, die im selben Team waren).

Die Wäscheleine eignet sich auch für die Reflexion von Prozessen sehr gut. Man kann zum Beispiel ein Ende der Leine mit dem Beginn einer vorangegangenen Teamübung bezeichnen, das andere Ende der Leine bedeutet das Ende der zu reflektierenden Teamübung. Die Leine selbst kann dann in einige weitere charakteristische Abschnitte unterteilt werden, die sich auf verschiedene chronologisch erlebte Phasen der zu reflektierenden Übung beziehen. Dadurch wird für das weitere Debrief ein Veränderungsprozess abgebildet. Eine solche Reflexionsfrage kann sich zum Beispiel auf die Zufriedenheit mit der Kommunikation im Team beziehen. In der weiteren Aufarbeitung können dann Veränderungen in der Bewertung der Kommunikation im Zeitverlauf sichtbar und besprechbar gemacht werden.

Es können mehrere Wäscheleinen (praktikabel sind jedoch aus unserer Erfahrung nicht mehr als 5) zu mehreren Reflexionsfragen gleichzeitig aufgespannt werden. Die Wäscheleine kann auch wie in der in diesem Buch beschriebenen Reflexionsübung »Wo stehe ich?« als Skala verwendet werden. Hierbei müssen die Karten gar nicht beschrieben werden, sondern sie werden von den Teilnehmern lediglich an eine Stelle gehängt, die ihre Meinung zu einer Aussage oder Frage wiedergibt. Beispielsweise kann eine Aussage lauten: »Ich habe mich bei der Teamarbeit in der Teamübung ... wohl gefühlt«, das eine Ende der Leine bedeutet »vollkommene Zustimmung«, das andere Ende »vollkommene Ablehnung«. Danach kann das entstandene Meinungsbild weiter aufgearbeitet werden. Auch hier sind oft Clusterbildungen interessant, wenn unterschiedliche Kartenfarben mit unterschiedlichen Perspektiven oder Rollen korrespondieren.

»Wo stehe ich?«

Kategorie:	Reflexions- und Feedbackübung
Lernziele:	Unterstützung des Debriefing, Klarwerden über eigene und andere Standpunkte
Teilnehmeranzahl:	4–30 Personen
Zeit:	10–20 Minuten
Ort:	Raum mit freier Fläche oder im Freien
Material:	Seil(e)

Ablauf und Regeln

Am Boden wird ein Seil in einer geraden Linie aufgelegt. Diese Linie bildet eine Skala ab, auf der das Ausmaß an Zustimmung zu Fragen des Trainers veranschaulicht werden kann. Die Teilnehmer können hier tatsächlich »Position beziehen«, in dem sie sich an eine Stelle der Seillinie stellen, die ihren Standpunkt deutlich macht. Es ist möglich, zusätzlich beschriftete Karten vorzubereiten, die man an die Seil- oder Skalenenden legt, meist ist jedoch auch eine rein verbale Beschreibung der beiden Endpunkte ausreichend.

Zustimmung   Ablehnung

Abbildung 10: Beispiel für eine eindimensionale Skala

Mit der Übung kann an andere Teilnehmer, an die gesamte Gruppe und zum Training selbst Feedback gegeben werden. Mögliche Fragen sind zum Beispiel: »In der Übung ... sehe ich sehr viel Realitätsbezug«, »Bei der Übung ... haben sich alle Teammitglieder voll eingebracht«, »Ich bin zufrieden mit dem in Übung ... erreichten Ergebnis«, »Wir haben als Team gut miteinander kommuniziert«.

Der Trainer kann dann Personen an unterschiedlichen Punkten bitten, ihre Meinung noch qualitativ genauer zu begründen: »Kann bitte jemand an diesem Ende des Seiles mitteilen, warum er viel Realitätsbezug in der Übung sieht?«, »Kann bitte jemand an dem anderen Ende des Seiles mitteilen, warum er keinen oder wenig Realitätsbezug in der Übung sieht?«, »Kann bitte jemand in der Mitte des Seiles sagen, warum er hier steht?«

Wir arbeiten auch gern damit, alle Teilnehmer einen Schritt aus ihrer gewählten Position in beide Richtungen (!) machen zu lassen und nach dem jeweiligen Schritt zu fragen: »Was hätte euch dazu bringen können, diese Position einzunehmen?«, »Welches Verhalten wäre notwendig gewesen, um noch besser/schlechter miteinander zu kommunizieren?«

Mögliche Variationen

Eine Variante fragt nicht nach der Zustimmung zu Aussagen, sondern gibt Fragen mit Extrempunkten vor, wie zum Beispiel »Die Intensität dieses Workshops ist ...?« Ein jedes Ende des Seils wird hier mit »viel zu hoch« und das andere Ende mit »viel zu niedrig« bezeichnet (»gerade richtig« liegt in diesem Beispiel in der Mitte). Wir verwenden die Übung auch dergestalt, dass die Teilnehmer selbst Aussagen und/oder Fragen beisteuern dürfen, die dann mit dieser Methode dargestellt und reflektiert werden können.

Zusätzlich arbeiten wir mit der – dann etwas länger dauernden – Variante, dass die Personen zuerst auf der Skala subjektiv Stellung nehmen und dann mit ihren unmittelbaren Nachbarn in Diskussion eintreten, um ihren Standpunkt argumentativ darzulegen und miteinander zu vergleichen. Sollten sie in der Diskussion merken, dass jemand eigentlich eine Meinung hat, die mehr oder weniger extrem in die Richtung geht,

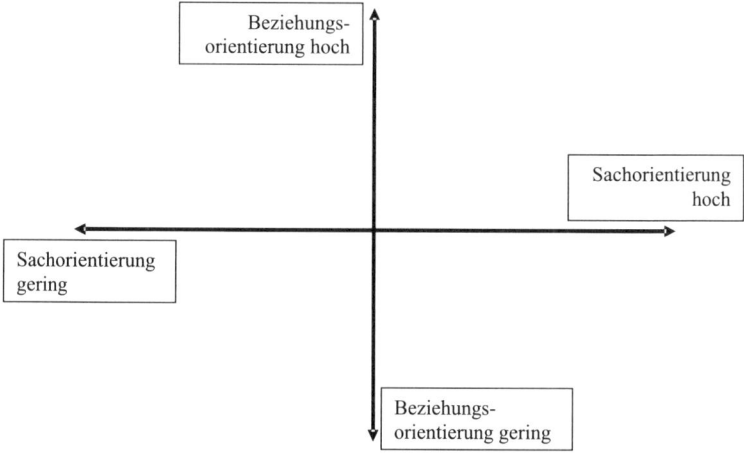

Abbildung 11: Beispiel für eine zweidimensionale Skala

in die man sich selbst eingeordnet hat, so sollen die Personen ihren Platz tauschen. Solche Diskussionen werden so lange fortgeführt, bis niemand mehr jemanden findet, mit dem er den Platz tauschen kann. Das Resultat ist eine Personenreihe, die die genaue objektive Rangordnung der Teilnehmer in Bezug auf eine bestimmte Aussage oder Frage angibt (z. B. vom zufriedensten bis hin zum unzufriedensten Mitglied eines Teams mit den in diesem Team in Relation zueinander gegebenen Abstufungen).

Eine Erweiterung ergibt sich, wenn man ein zweidimensionales System am Boden markiert, zum Beispiel »Die Sach- und Strukturorientierung im Team war hoch bis niedrig« auf der einen Achse und »Die Person- und Beziehungsorientierung war hoch bis niedrig« auf der anderen Achse. Dadurch ergeben sich vier Quadranten, in die sich die Teilnehmer einordnen können (siehe Abbildung 11). Natürlich sind auch ganz andere Dimensionen denkbar.

Marktplatz und ICHIBA

Kategorie:	Reflexionsübung oder auch Warming-up
Lernziele:	Kennenlernen anderer Teilnehmer und anderer Perspektiven
Teilnehmeranzahl:	10–50 Personen
Zeit:	20–30 Minuten
Ort:	großer Raum oder im Freien
Material:	keines

Ablauf und Regeln

Bei der Grundvariante von »Marktplatz« werden die Teilnehmer gebeten, im Raum umherzugehen. Der Raum wird als Marktplatz bezeichnet. Wir lassen die Teilnehmer meist für ungefähr 30 Sekunden herumgehen. Dann wird vom Trainer ein Signal gegeben und mit der Aufforderung verbunden, stehen zu bleiben. Die Personen sollen sich nun in kleinen Gruppen aus drei bis vier Personen zusammenfinden, die in unmittelbarer Nähe stehen, so wie man sich bei einem Marktplatzbesuch auch manchmal zufällig begegnet und ein kurzes Gespräch führt. Analog sollen die gebildeten Gruppen nun kurz miteinander zu einer vom Trainer vorgegebenen Frage sprechen. Nach circa drei bis fünf Minuten werden die Gruppen wieder aufgelöst und es folgt eine neue Phase des Umhergehens. Insgesamt lassen wir meist drei bis fünf Mal Umhergehen und danach jeweils neue zufällig entstandene Gruppen zu verschiedenen Fragen diskutieren.

Als Warming-up kann man relativ belanglose oder lustige Fragen/Themen nehmen, zu denen sich die Gruppen austauschen sollen, damit sich die Teilnehmer besser kennen lernen (z. B. »Wann und worüber haben Sie sich zuletzt gefreut?«). Natürlich können die Fragen gerade am Beginn eines Trainings auch schon auf die Thematik hinführen (z. B. »Was war Ihr bestes Teamerlebnis bisher?«). Wenn sich eine Gruppe nach einiger Zeit wieder trifft, kann zum Beispiel gefragt werden, wie es den Personen in der Zwischenzeit ergangen ist. Als Reflexionsübung werden entsprechend Debriefingfragen gestellt (z. B. »Was können Sie aus der vorangegangenen Teamübung in Ihre eigene Praxis mitnehmen?«, »Welche Lernerfahrung war in diesem Workshop heute besonders wertvoll für Sie?«).

ICHIBA kommt aus dem Japanischen und bedeutet übersetzt ebenfalls soviel wie Marktplatz (ICHI = Markt, BA = Platz). Allerdings funktioniert die japanische Variante anders. ICHIBA ist auch als ein englisches Akronym gedacht für:

I: Interpersonal
C: Comparison
H: Horizontal
I: Integration
B: Border
A: Awareness

= Interpersonal Comparison for Horizontal Integration by Border Awareness.

In einem ersten Schritt gehen die Teilnehmer im Raum herum wie beim klassischen »Marktplatz« und bilden dann auch eine erste Diskussionsgruppe. Zu einer Fragestellung, zum Beispiel »Was war heute eine wichtige Lernerfahrung für dich?«, tauschen sich die Teilnehmer aus. Dies bedeutet »Interpersonal Comparison«, da es ja zu einem interpersonalen Vergleich der Meinungen und Erfahrungen der Teilnehmer kommt.

Wenn dabei Teilnehmer entdecken, dass sie dieselbe Antwort oder Meinung haben (z. B. dieselbe wertvolle Lernerfahrung gemacht haben), dann bilden sie von nun an eine Einheit. Dazu halten sie sich fortwährend an den Händen fest und gehen dann bei weiteren Runden gemeinsam durch den Raum. In den nächsten Runden (immer zuerst herumgehen, dann neue Diskussionsgruppen bilden) werden jedoch im Unterschied zu »Marktplatz« keine neuen Fragen gestellt, sondern bei »ICHIBA« bleibt bis zum Ende ein und dieselbe Reflexionsfrage bestehen. In den weiteren Runden sollen sich die Personen oder gebildete Einheiten (d. h. Personengruppen) jedoch mit neuen Personen und Personengruppen austauschen. Wenn möglich, so werden Personen oder Personengruppen zu immer größeren Hände haltenden Einheiten verschmolzen. Dabei können auch weitere Antworten auf die Reflexionsfrage besprochen werden, um eventuell größere Einheiten bilden zu können. Um bei dem Beispiel zu bleiben: Wenn zwei Personen eine Einheit gebildet haben, da sie in der Diskussion entdeckt haben, dass sie eine ähnliche oder gleiche wertvolle Lernerfahrung gemacht haben, so können sie in der nächsten Runde durchaus mit einer weiteren Person oder Einheit verschmelzen, die eine andere wertvolle Lernerfahrung gemacht hat, wenn diese Erfahrung ebenfalls auf diese Einheit zutrifft oder wenn man eine neue gemeinsame wertvolle Lernerfahrung findet, die auf alle Beteiligten zutrifft. Diesen Prozess kann man als »Horizontal Integration by Border Awareness« bezeichnen, da über mehrere Runden hinweg einerseits immer mehr Personen und Einheiten unterschiedlicher Größe verschmelzen, andererseits aber auch Grenzen erfahren werden, da meist nicht alle Einheiten zusammengeführt werden können. Es ist auch nicht unbedingt das Ziel, dass alle Personen zu einer einzigen Einheit verschmelzen müssen, es soll lediglich ein Bemühen darum stattfinden, im Austausch von Informationen und Meinungen auch die Grenzen bewusst zu machen und zu respektieren. Hierbei können in der Praxis alle möglichen Endkonstellationen beobachtet werden, von der Verschmelzung aller Teilnehmer bis hin zu vielen einsam bleibenden Einzelpersonen oder nur einigen wenigen Gruppen. Am Ende werden die noch existierenden Einheiten nochmals gebeten, zu der Reflexionsphase kurz Stellung zu nehmen (z. B. ihre Lernerfahrung zu benennen).

Besondere Hinweise

Die Idee zur Variante ICHIBA stammt von unserem geschätzten japanischen Kollegen Dr. Junkichi Sugiura, die er auf einer gemeinsamen Summerschool in Krakau 2005 (Summerschool zu Planspielleitung und Debriefingmethoden) neu entwickelt hat. Wir haben sie im gemeinsamen Austausch weiterentwickelt und gute Erfahrungen damit gemacht.

Mögliche Variationen

Man kann die Umhergehzeiten in der Grundvariante von »Marktplatz« auch mit Musik unterlegen. Wenn die Musik stoppt, beginnt eine neue Kommunikationsphase in Kleingruppen zu den Diskussionsthemen, die vom Trainer genannt werden.

Eine Variation von »Marktplatz« in großen Gruppen kann auch sein, dass die Teilnehmer Bänder in verschiedenen Farben erhalten, die sie sich um ihr Handgelenk binden. Kontaktaufnahme (österreichisch: »Anbandeln«) ist dann nur mit Personen anderer Farben erlaubt. Dies ist zum Beispiel sinnvoll, wenn die Gruppe aus mehreren Subgruppen zusammengesetzt ist, die sich innerhalb ihrer Subgruppen bereits besser kennen und man aber speziell neue Kontakte initiieren will.

Bei ICHIBA ist es oft interessant, wenn diese Übung mehrmals zu unterschiedlichen Reflexionsfragen durchgeführt wird. Hier kann man dann gut erkennen, zu welchen Themen die Meinungen in der Gesamtgruppe in welcher Weise verteilt sind. Können sich alle Teilnehmer auf

Abbildung 12: »ICHIBA«

eine gemeinsame Beurteilung, Erfahrung oder Erkenntnis einigen und zu einer Einheit verschmelzen? Handelt es sich um eine sehr kontroverse Thematik, die jeder Teilnehmer anderes beurteilt und zu der keine oder kaum Einheiten gebildet werden können? Resultieren zwei oder drei größere Einheiten (»Meinungsblöcke«), die nicht mehr integrierbar sind?

Kugellager-Feedback

Kategorie:	Feedbackübung, Abschlussübung
Lernziele:	Selbst- und Fremdbild, Rückmeldung aus verschiedenen Perspektiven
Teilnehmeranzahl:	12–30
Zeit:	15–60 Minuten
Ort:	Raum mit großer freier Fläche
Material:	Stühle

Ablauf und Regeln

Diese Übung ermöglicht, dass Personen in relativ kurzer Zeit Rückmeldung von möglichst vielen Personen erhalten können. Sie eignet sich dann, wenn eine Gruppe eine Zeitlang zusammen gearbeitet hat.

Die Teilnehmer bilden mit ihren Stühlen zwei Kreise, einen Innenkreis und einen Außenkreis. Die Stühle werden so aufgestellt, dass sich je zwei Teilnehmer im Kreis gegenübersitzen. Die beiden gegenübersitzenden Personen geben sich circa fünf Minuten Feedback darüber, wie sie einander während der gemeinsamen Arbeit erlebt haben. Dann rücken die Personen im Außenkreis einen Stuhl im Uhrzeigersinn weiter. Nun geben einander die neuen Gesprächspartner fünf Minuten Rückmeldung usw.

Bei größeren Gruppen kann man die Teilnehmer auch um zwei Stühle weiterrücken lassen. Nach maximal 60 Minuten sollte man die Übung beenden. Bei feedbackerfahrenen Gruppen kann man die einzelnen Feedbacksequenzen auch länger gestalten.

Feedback-Quadrat

Kategorie:	Feedbackübung
Lernziele:	Funktionen und Rollen im Team, Selbst- und Fremdbild
Teilnehmeranzahl:	10–30 Personen
Zeit:	25–75 Minuten
Ort:	großer Raum mit freier Fläche
Material:	Klebeband, Kärtchen, eventuell Pinnwand

Ablauf und Regeln

Die Übung kann folgendermaßen eingeführt werden: »Damit ein Team gut funktioniert, müssen die Mitglieder verschiedene Qualitäten mitbringen. Ich beschreibe euch jetzt mögliche Qualitäten von Menschen, wir werden dann diskutieren, welche Bedeutung sie für ein Team haben.«

Menschen verfügen über bestimmte Grundstrebungen – nach Wandel oder Stabilität, Nähe oder Distanz. Es sind zwei voneinander unabhängige Gegensatzpaare. Kaum ein Mensch trägt diese Strebungen in Reinform in sich, vielmehr ergeben sich in den einzelnen Quadranten Ausprägungen der einzelnen Merkmale. So kann jemand beispielsweise im Vergleich zu den anderen Merkmalen einen hohen Anteil an Wandel- und Distanzorientierung in sich tragen. Andere Menschen haben einen höheren Anteil an Nähe- und Stabilitätsorientierung. Diese Strebungen werden in den Haltungen, aber auch im Verhalten von Menschen sichtbar. Um anschaulich zu machen, wie sich die einzelnen Ausprägungen zeigen, kann man diese mit den vier Elementen bezeichnen:

— »Feuer« – Wandel- und Distanzorientierung: entspricht dem Streben nach Unabhängigkeit
— »Erde« – Stabilitäts- und Distanzorientierung: entspricht dem Streben nach Ordnung
— »Wasser« – Stabilitäts- und Näheorientierung: entspricht dem Streben nach Beziehung
— »Luft« – Wandel- und Näheorientierung: entspricht dem Streben nach Kreativität

Wandel

»Feuer« **Streben nach Unabhängigkeit** *Qualitäten:* Eigenständiges Denken Veränderungswille Kritische Auseinandersetzung mit Ideen Sachlichkeit *Schwächen:* Äußerungen können verletzend sein Einzelkämpfer, schwer einzubinden	**»Luft«** **Streben nach Kreativität** *Qualitäten:* Begeisterung für neue Ideen Sprüht vor Ideen Kann andere für seine Ideen begeistern Möchte in der Gruppe integriert sein *Schwächen:* Konsequenz in der Umsetzung fehlt Ignoriert häufig die Rahmenbedingun- gen und Einschränkungen (»baut Luft- schlösser«)
»Erde« **Streben nach Ordnung** *Qualitäten:* Sorge für das Funktionieren des Alltags Orientierung an Aufgaben, Vereinba- rungen, Regeln Ordnung, Protokolle, Verschriftlichung *Schwächen:* Unflexibel in ungewohnten und Stress- situationen (Zeitdruck)	**»Wasser«** **Streben nach Beziehung** *Qualitäten:* Sorge für das Klima in einer Gruppe Sensorium für Spannungen und Kon- flikte Bindet andere ein, vermittelt Arbeitet gern in Gruppen *Schwächen:* Scheu vor Konflikten Weicht notwendigen Auseinanderset- zungen auf der Sachebene aus

Links: Distanz (Sache) · *Rechts:* Nähe (Beziehung)

Stabilität

Abbildung 13: Grundbestrebungen

Es gibt verschiedene Möglichkeiten, die Ausprägungen der Gruppe vorzustellen: Bewährt hat es sich, auf dem Boden ein Koordinatenfeld zu
markieren und Kärtchen für die Merkmale dazu zu legen. Eine andere
Möglichkeit wäre, die Merkmale auf einer Pinnwand mittels Kärtchen
sichtbar zu machen. Wir arbeiten auch gern mit vorgeschriebenen Pla-
katen, die wir auf vier Seiten des Raumes aufhängen und die Gegensätze
nacheinander aufblättern. Die Beschreibungen der Teamqualitäten gehen auf die »Grundformen der Angst« nach Riemann zurück.

Gruppen fällt es nicht schwer, im gemeinsamen Gespräch anhand der gegebenen Impulse die Qualitäten zu ergänzen und weiterzudenken. Immer wieder werden auch Personen genannt, die als prototypisch für bestimmte Ausprägungen erkannt werden. Nachdem dies erfolgt ist, lassen wir die Bedeutung dieser Qualitäten für ein Team einschätzen: »Welche dieser Qualitäten ist wichtig für ein Team?«, »Welche Qualität ist die Wichtigste?« Die Teilnehmer entdecken schnell, dass alle gleich wichtig sind. Uns ist dann wichtig zu erklären, dass dies nicht nur Personenmerkmale sind, sondern dass es sich auch um wesentliche Funktionen im Team handelt, die besetzt sein müssen. Wenn es zum Thema passt, kann auch darauf hingewiesen werden, dass hier auch ein Unterschied zwischen Team und Gruppe begründet liegt. Im Team sollten alle Funktionen wahrgenommen werden, unabhängig davon, welchem Typus sich die einzelnen Personen zugehörig fühlen. Hier steht die Funktion im Team im Vordergrund.

In Gruppen finden sich eher Menschen des gleichen oder nebeneinander liegenden Quadranten, weil hier zumindest eine teilweise Übereinstimmung in Vorlieben und Verhaltensweisen besteht. Wenn Menschen mit starken Ausprägungen in den Diagonalen aufeinander treffen, zum Beispiel Beziehung und Unabhängigkeit bzw. Kreativität und Ordnung, so birgt das Konfliktpotenziale. Gleichzeitig entwickeln diese Menschen häufig heimliche Bewunderung füreinander, weil sie sehen, dass das Gegenüber Qualitäten hat, die bei ihnen selbst weniger ausgeprägt sind. Je nachdem, in welchem Zusammenhang die Übung eingesetzt wird, gibt es folgende Varianten für die Weiterarbeit:

Feedbackvariante

Wenn die Übung als Feedbackübung eingesetzt wird, so bittet man die Teilnehmer, Dreiergruppen mit Personen ihres Vertrauens zu bilden. Wenn sich die Gruppen gefunden haben, nehmen sich die Personen individuell zehn Minuten Zeit, um sich selbst und die anderen Personen der Gruppe einzuschätzen. Die Selbst-/Fremdeinschätzung kann entlang folgender Fragen erfolgen:
- In welchem/n Quadranten sehe ich den Hauptanteil? In welchem/n Quadranten sehe ich die wenigsten Anteile bei mir/bei dieser Person?
- Auf Grund welcher Beobachtungen in der Zusammenarbeit komme ich zu dieser Einschätzung?
- An welche konkreten Situationen kann ich mich erinnern?

Wichtig ist, dass nicht nur eine oberflächliche Zuordnung zu den Typen erfolgt, sondern auch ein qualitatives Feedback formuliert wird, das sich auf konkrete Beobachtungen stützt. Danach erfolgt ein Austausch in der Dreiergruppe. Die erste Person erhält Rückmeldungen von den anderen beiden und stellt dann ihre Selbsteinschätzung dazu. Dann ist die nächste Person an der Reihe. Für diese Phase sollten in der Dreiergruppe mindestens 30 Minuten veranschlagt werden.

Teamentwicklungsvariante

In dieser Variante bittet man die Teilnehmer, sich selbst einzuschätzen und sich in dem Koordinatenfeld am Boden zu platzieren. Wenn alle ihren Platz gefunden haben, kann man danach fragen, ob diese Verteilung erwartet wurde oder wer an einem für andere unerwarteten Platz steht. Gibt es viele unerwartete Plätze, sollte eine Phase des Austauschs darüber eingeschoben werden. In diesem Fall bittet man die Teilnehmer, sich danach ein zweites Mal aufzustellen. Wenn sich alle positioniert haben, wird die Aufstellung unter der Teamperspektive betrachtet:
– Welche Merkmale sind gut besetzt? Welche sind weniger besetzt?
– Was bedeutet das für das Team?
– Ist das bisher schon sichtbar geworden?
– Wie können wir die unterschiedlichen Qualitäten besser nutzen?
– Wie können wir uns fehlende Qualitäten organisieren?

Beziehungsnetz

Kategorie: Abschlussübung, Feedbackübung
Lernziele: Gruppengefühl stärken
Teilnehmeranzahl: 10–20 Personen
Zeit: 10–15 Minuten
Ort: freie Fläche im Raum
Material: Wollknäuel

Ablauf und Regeln

Die Teilnehmer stellen sich im Kreis auf. Der Spielleiter erklärt zunächst die Übung: »Wir haben jetzt . . . Tage/Stunden zusammengearbeitet. Die Übung gibt euch die Möglichkeit, einzelnen Personen noch etwas mitzuteilen. Ihr werft dazu einer Person den Wollknäuel zu und sagt, was ihr dieser Person noch mitteilen möchtet. Die Person hält den Faden fest und wirft den Knäuel einer weiteren Person zu, der sie etwas sagen möchte. Die Übung geht so lang, bis alle einen Teil des Fadens in der Hand halten.«

Wenn alle etwas sagen konnten, kann man das entstandene Beziehungsgeflecht als Metapher für die gemeinsame Arbeit verwenden: »Wir sind am . . . zusammen gekommen. Durch das Arbeiten ist ein Netz von Beziehungen entstanden, das durch den Faden symbolisiert wird. Lassen wir ihn jetzt gemeinsam wieder los.«

Besondere Hinweise

Es muss ein großes Wollknäuel sein, damit der Faden bei vielen Teilnehmern nicht ausgeht. Zur Sicherheit sollte ein weiteres Knäuel zur Verlängerung bereitgehalten werden. Man sollte zur Sicherheit von drei Metern pro Person ausgehen.